光明城
LUMINOCITY

看见我们的未来

王骏阳建筑学论文集 3

理论·历史·批评（二）

王骏阳　著

上海·同济大学出版社
SHANGHAI·TONGJI UNIVERSITY PRESS

目录

自序

我在大学里教书，所在的教学组通常被称为建筑学一级学科之下的建筑历史与理论二级学科中的外国建筑史团队。我早先的建筑学研究也大多与之有关，主要涉及西方当代建筑理论和现代建筑理论领域。这一领域的研究多半还会是我今后的兴趣，不过2000年之后，我感到自己明显加大了对中国当代建筑的关注，并由此进一步涉及中国近现代建筑思想的某些方面。这一点在本文集的内容上可见一斑，也在一定程度上反映了自己回国任教20多年以来的现实处境和学术语境的变化。理论，正如笔者在这个文集系列第一册《理论何为？关于建筑理论教学的思考》一文中指出的，就是一种反思，是对现实处境和学术语境的反思。在这样的意义上，理论是一个动词，而非名词。

作为一个学科，建筑学素有“科学与艺术的结合”之称，而当今的建筑研究则兼备理工科和人文学科的特点，由此带来的“身份”定位的困境在建筑历史和理论学科中体现得尤为明显。一方面，尽管建筑历史和理论常常置身于工科性质的建筑学科之中，但是它的研究领域常常与社会人文学科相交织，因此很难用工科的标准进行衡量。另一方面，一旦进入社会人文学科，建筑历史和理论又无法完全脱离建筑学科故有的物质特性，也无法完全罔顾自己的学科内容——更不要说与设计的纠缠关系，因而难以真正在社会人文学科中立足，最多只能是社会人文学科的应用领域。然而我始终相信，作为一个学科，建筑学必须有自己的话语，而不必落入哲学或其他社会人文学科的话语体系，原因就在于建筑学有不同于其他学科的学科问题。因此，围绕建筑学基本问题进行思考就是本文集收录论文的一个基本宗旨。这既不意味着故步自封，也不意味着建筑学基本问题永恒不变，毋宁说是对唯“跨学科”是瞻（而实际上是在本学科研究上的无能）以及此起彼伏的“狼来了”的“变化”之声所保持的应有的怀疑态度。在这一点上，笔者的立场完全可以用“保守主义”来形容。当然，在另一个层面上，相对于当今数字化浪潮下被人们津津乐道的“未来已来”的大数据思维和算法主义，笔者的立场更显得“落后”，或者说“不合时宜”。

本文集的出版首先要感谢我任教的南京大学建筑与城市规划学院的宽容和支持，其次要感谢同济大学出版社光明城编辑部晁艳女士的策划、审稿和出版安排，还要感谢我的研究生在文献查阅和文稿校对方面给予的帮助。

王骏阳

二〇一九年十二月二十一日于江苏常州

1

“历史的”与“非历史的”

八十年后再看佛光寺[1]

1 最初作为《建筑学报》举办的“八十年后再看佛光寺——当代建筑师的视角”活动的导文发表于《建筑学报》2018年第9期(总第600期)，本文集收录时有修改。参加这次活动并在同期《建筑学报》发表文章的建筑师有柳亦春、张斌、王方戟、王辉、冯路、李兴钢、董功。另有笔者为这次活动撰写的《学术主持前言》，见文后附录。

作为中国建筑史上具有里程碑意义的建筑，佛光寺东大殿自始至终都与梁思成先生有着十分紧密的关系。梁思成不仅是佛光寺东大殿的"发现者"之一，而且通过自己的中国建筑史构建赋予该建筑无与伦比的崇高地位。在历史理论层面，我们甚至可以说，八十年后再看佛光寺，就是反思梁思成的中国建筑史构建及其可能为当代中国建筑学带来的正反两方面的启示。

01 佛光寺东大殿与梁思成中国建筑史构建中几个问题的辨析

梁思成对佛光寺东大殿的最初介绍是《亚洲杂志》(*Asian Magazine*) 1941年7月号上题为《中国最古老的木构建筑》(China's Oldest Wooden Structure)的英文文章。梁思成将该建筑的建造时间确定为唐宣宗大中十一年(857)，这个断代考证得到擅长考据的曹汛先生的完全认可。[2]相比之下，20世纪50年代发现的南禅寺，其建造时间被学界确定为建中三年(782)，在曹汛看来则是疑点多多。[3]尽管如此，曹汛似乎没有否定南禅寺取代佛光寺东大殿成为中国最古老的木构建筑这一点。其实，按照曹汛的考证，中国现有古建筑中，唐以前的木构应该有十几处之多，而敦煌莫高窟就有四座唐代木构前檐建筑，有一座甚至早至隋代，却在1960年代被认定为宋代建筑，[4]曹汛称之为中国建筑史的"最大伤痛"。[5]他甚至还考证出一座北周明帝三年(559)的木构窟檐建筑，其年代远比日本法隆寺木塔为早，是"世界上现存最早的木构建筑"。[6]

然而有理由认为，即使曹汛所说的更早的建筑在中国营造学社先辈发现佛光寺之前就已经为人知晓，也不能撼动佛光寺东大殿在梁思成心中的地位，因为这个建筑的重要性绝不仅仅在于年代——尽管佛光寺的发现为打破当时日本学者关于"中国一千岁的木料建造物，一个亦没有"的论断提供了重要佐证。[7]在我看来，佛光寺东大殿对于梁思成的重要意义首先在于它是一座完整的唐代木构建筑(而不仅仅

2 曹汛：《建筑史的伤痛》，《建筑师》2008年第2期(总第132期)，第95页。
3 曹汛：《建筑史的伤痛(续)》，《建筑师》2008年第4期(总第134期)，第111页。
4 曹汛：《建筑史的伤痛》，第95页。
5 曹汛：《建筑史的伤痛(续)》，第110页。
6 曹汛：《建筑史的伤痛》，第95页。
7 王军：《五台山佛光寺发现记》，《建筑学报》2017年第6期(总第585期)，第30页。

是木构窟檐），而且还是高规格的殿堂式建筑。《营造法式》将大木制度的等级由高及低分为殿堂、厅堂、余屋。《图像中国建筑史》表明，梁思成对殿堂建筑格外重视，将《历代木构殿堂外观演变图》和《历代殿堂平面及列柱位置比较图》作为全书唯一一种建筑类型整体形制体系演变图，其余则是局部形制的演变，如斗栱、耍头（梁头）或者阑额、普拍枋等。“佛塔”是《图像中国建筑史》中篇幅和案例较多的一章，但是偏后的章节位置本身似乎已经说明，其地位难与木构的殿堂建筑相比拟，尽管《历代佛塔类型演变图》也遵循了“纵向历史”的逻辑。

南京国立中央博物院（现南京博物院）

殿堂式建筑是1935年南京国立中央博物院设计方案采用的规格，这理所当然，因为这是一个“国家级”建筑。有研究表明，在对原竞赛获胜方案进行修改之时，梁思成以山西大同上华严寺大雄宝殿为原型，将国立中央博物院这座寄托了其“中国风格的现代建筑”之理想的建筑设计为“辽宋风格”（或者说“辽和宋初风格”）。[8]可以想象，如果早几年发现佛光寺，那么南京国立中央博物院的原型或许就不是上华严寺大雄宝殿，而是佛光寺东大殿，而博物院的转角铺作也很可能与蓟县的独乐寺山门无缘。

这就涉及佛光寺东大殿对梁思成的第二个重要意义，即它不仅仅是一座殿堂建筑，而且是一座唐代的殿堂建筑。梁思成的第一篇中国建筑史论文《我们所知道的唐代佛寺与宫殿》于1932年在《中国营造学社汇刊》第三卷第一期发表。虽然当时“唐朝建筑遗物的实例，除去几座砖塔而外，差不多可以说没有”，[9]梁思成还是试图通过史籍记载和敦煌壁画等文献资料的研究，勾勒唐代建筑的大概轮廓，足见他对唐代建筑的重视。那么，唐代建筑对梁思成的重要性何在？仅仅因为唐代代表了中国历史的鼎盛时期？或者从当时可以理解的民族主义角度看，因为唐代建筑曾经极大影响了日本建筑，而日本许多现存最古老的木构建筑都是这一影响的产物？什么是唐代建筑的伟大之

8 赖德霖：《设计一座理想的中国风格的现代建筑——梁思成中国建筑史叙述与南京国立中央博物院辽宋风格设计再思》，载《中国近代建筑史研究》，清华大学出版社，2007，第331-365页。

9 梁思成：《我们所知道的唐代佛寺与宫殿》，《中国营造学社汇刊》第三卷第一期，第75页。

处？如何从梁思成认知的建筑学角度理解这一伟大，尽管这个角度在中国古代似乎并不存在？

1940年代相继完成的《中国建筑史》和《图像中国建筑史》为我们提供了某种答案。其中又以最初以英文写成的《图像中国建筑史》的阐述最为重要，因为它提供了《中国建筑史》没有的、对中国建筑历史发展的阐述："中国的建筑……孕育并发祥于遥远的史前时期，'发育'于汉代（约在公元开始的时候）；成熟并逞其豪劲于唐代（七至八世纪）；臻于完美醇和于宋代（十一至十二世纪）；然后于明代初叶（十五世纪）开始显出衰老羁直之象。"[10]在此基础上，鉴于梁思成心目中木构建筑的崇高地位，书中又专门开辟一章对"木构建筑重要遗例"进行阐述；而且，鉴于当时现存的中国古代建筑只能上溯到唐代——这在很大程度上归功于佛光寺东大殿的发现，梁思成的这一阐述也始于这一时期："对于现存的，更确切地说三十年代尚存的这些建筑，我们可试分之为三个主要时期：'豪劲时期'(the Period of Vigor)，'醇和时期'(the Period of Elegance)和'羁直时期'(the Period of Rigidity)。"[11]梁思成继续写道：

> 豪劲时期包括自九世纪中叶至十一世纪中叶这一时期，即自唐宣宗大中至宋仁宗天圣末年。其特征是比例和结构的壮硕坚实。这是繁荣的唐代必然的特色。而我们所提到的这一时期仅是它们一个光辉的尾声而已。
>
> 醇和时期自十一世纪中叶至十四世纪末，即自宋英宗治平，中经元代，至明太祖洪武末。其特点是比例优雅，细节精美。
>
> 羁直时期系自十五世纪到十九世纪末，即自明成祖（永乐）年间夺取其侄帝位，由南京迁都北京，一直延续到清王朝被中华民国推翻；这一时期的特点是建筑普遍趋向僵硬；由于所有水平构件尺寸过大而使建筑比例变得笨拙；以及斗栱（相对于整个建筑来说）尺寸缩小，因而补间铺作攒数增加，结果竟失去其原来的结构功能而蜕化为纯粹的装饰品了。[12]

10 梁思成：《前言》，载梁思成英文原著，费慰梅编《图像中国建筑史》，梁从诫 译，汉英双语版，百花文艺出版社，2001，第61页。

11 《图像中国建筑史》，2001，第154-155页。

12 同上，第155-158页。

建筑史学家赖德霖认为，这样的历史构建不仅是线性的，而且是民族主义的，目的是回应《弗莱彻建筑史》（*Sir Banister Fletcher's a History of Architecture*）将中国建筑视为"非历史"（non-historical）的错误论断。[13]弗莱彻所谓的"非历史"指的是缺少纵向历史发展和变化的建筑，他的"建筑之树"（the Tree of Architecture）以地理（geography）、地质（geology）、气候（climate）、宗教（religion）、社会（social）、历史（hisotry）为根茎，以从古希腊到"现代风格"（modern style）的西方建筑为主干，强调建筑风格的历史变化。注意：这棵"建筑之树"的顶端已经出现现代建筑——也就是弗莱彻所谓的"现代风格"，而相对于从古希腊到"折衷主义"的西方古典建筑而言，现代建筑在风格上的革命无疑是史无前例的。在这样的意义上，《弗莱彻建筑史》代表了一种对"历史的"和"非历史的"特定理解："历史的"就是变化发展的，它不能仅仅等同于历史时间的长短；反过来说，"非历史的"就是缺少变化发展的，无论其历史时间多么悠久。在此，弗莱彻"建筑之树"将西方建筑作为"历史的"主干，将包括中国建筑在内的其他建筑作为"非历史的"旁枝末节，固然有某种"西方中心主义"作祟的嫌疑，但更多的也许还是来自黑格尔历史观的影响——他的"历史哲学"曾经断言，"中国的'历史'之中没有进步和发展"，[14]而黑格尔主义究竟代表了一种根深蒂固的"西方中心主义"，还是第一个真正具有现代性之全球视野的历史哲学，也就是超越欧洲中心化（至少其主观意愿如此），把全世界文明放在同一个维度进行考察的历史哲学，这仍然是一个有争议的问题。或许，只有在思想与文化上的后现代主义彻底解构了启蒙运动的进步"神话"之后，主线的发展史观才开始失去其立论依据。

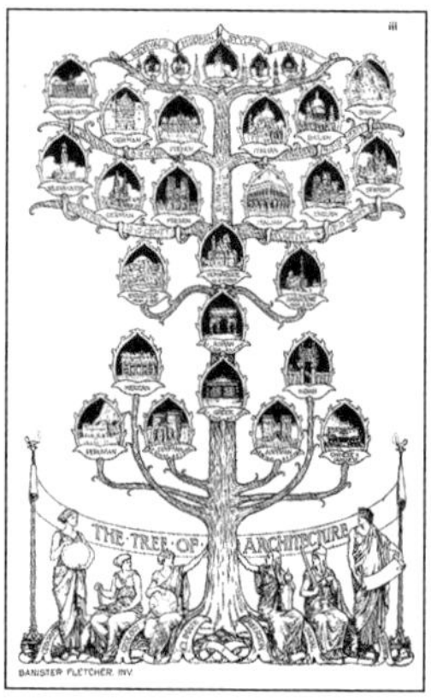

《弗莱彻建筑史》："建筑之树"

无论如何，将中国建筑视为旁枝末节，称其为"非历史的"，这样的观点显然是梁思成这一代建筑师无法接受的。《图像中国建筑史》中的"演变图"正是要与之针锋相对，力图展现中国建筑从整体形制（殿堂、佛塔）到局部形制（斗栱、耍头、阑额、普拍枋）的历史变化和发展。当然，在弗莱彻那里，这样的"历史演变"是否足以成为"历史的"

13　赖德霖：《梁思成、林徽因中国建筑史写作表微》，载《中国近代建筑史研究》，清华大学出版社，2007，第313-330页。在此，与赖文不同，本文倾向于在相对中性的意义上引用"民族主义"一词。

14　黑格尔：《黑格尔历史哲学》，潘高峰译，九州出版社，2011，第四章第一节第二小节。

似乎还另当别论。另一方面，正如赖德霖指出的，为回应和批驳弗莱彻和福格森（James Fergusson）等西方建筑史学家认为中国建筑过于注重装饰和色彩而忽视结构的论断，以及以墨菲（Henry Murphy）为代表的西方建筑师对中国建筑的形式模仿，梁思成和林徽因着重强化了木构以及以斗栱为载体的艺术表现形式在中国建筑中的地位，并进而发展出一种被后世学者称为“结构理性主义”的立场。[15]

《图像中国建筑史》还为“结构理性主义”赋予了一种生命历程般的历史色彩，让（古代）中国建筑的历史呈现为一种结构与建筑关系从“豪劲”到“醇和”再到“羁直”的生命发展图景，而这种观点其实也不无黑格尔主义色彩，后者的“历史哲学”将东方世界视为“历史儿童期”，而将古希腊城邦、罗马帝国和“日耳曼精神”分别视为“历史青年期”“历史成年期”和“历史成熟期”。[16]不过，如果说黑格尔的“生命发展图景”停留在“历史成熟期”的话，那么梁思成已经在明、清建筑中看到中国建筑的“衰落”。然而，这样的“衰落”从未使他失去对中国建筑的信心，认为中国建筑最终将走向死亡。相反，他期待中国建筑的“重生”，而重生的关键则是以结构的艺术性表达来重新审视中国建筑，这进一步促成学界对于梁思成建筑思想的“结构理性主义”之说。

最早提出这类观点的也许是台湾学者汉宝德和夏铸九，他们将梁思成建筑思想称为“结构的机能主义”和“结构至上主义”。又因为梁思成将佛光寺东大殿等木构殿堂建筑作为中国建筑史构建的主体——当然也作为破解《营造法式》这部“天书”中某些形制和做法的实物例证和参考，故他们又将这一历史构建视为“北方官式大木作体系”的构建，是对“南方建筑之传统”的忽视。[17]这直接或间接导致赵辰对于梁思成思想中“政治上的民族主义”与“学术上的古典主义”以及符合这种“古典主义”的“官式正统”这样说道：

> 以“营造学社”为主要代表的中国建筑史研究，正是由于民族主义的“新史学”要求，以达到与西方古典主义建筑体系相抗衡的目的，注重了以官式的古典建筑作为中国建筑文化

15 赖德霖：《梁思成、林徽因中国建筑史写作表微》。

16 黑格尔：《黑格尔历史哲学》，第四章。

17 汉宝德：《明清建筑二论·斗栱的起源和发展》，生活·读书·新知三联书店，2014。
夏铸九：《营造学社——梁思成建筑史论述构造之理论分析》，载《空间、历史与社会：论文选1987–1992》，唐山出版社，2009，第16页。

> 传统的代表，以符合西方的古典主义美学标准。于是，中国历史上强大的大一统朝廷之唐朝成为最为理想的历史时代，顺应于西方古典主义美学之“时代风格”(Zeitgeist)，唐朝的官殿、庙宇作为实物，宋《营造法式》作为“文本”，成为正统中国建筑传统中的官式风格之代表而得到重点研究。[18]

那么，所谓“西方古典主义美学”究竟意味着什么呢？在建筑学语境中，它或许首先应该理解为英国建筑史学家约翰·萨默森(John Summerson)所说的建立在“建筑的古典语言”(the classical language of architecture)基础之上的西方建筑学传统。[19]在萨默森看来，“建筑的古典语言”的核心是古典柱式，没有柱式便无所谓建筑的古典语言。因此，尽管哥特建筑可以有古典的比例，但是因为没有古典柱式，故不能视其具有古典建筑语言——事实上，在西方建筑学中，哥特建筑一直被排除在“古典建筑”之外。更重要的是，之所以应该用萨默森的“建筑的古典语言”来理解“西方古典主义美学”，是因为这个“古典语言”缘起于古希腊神庙的梁柱结构，但是到古罗马时期已经演变成一种装饰性的再现形式。用18世纪德国建筑理论家卡尔·波提舍(Carl Bötticher)的术语来说，是一种脱离了“核心形式”(Kernform，指建筑结构)的“艺术形式”(Kunstform)。[20]

在这样的语境中，梁思成的“西方古典主义美学”便有诸多可辨析之处。概括起来，认为梁思成以“西方古典主义”解释中国建筑的依据首先是他提出的“中国建筑之‘ORDER’”。在《中国建筑史》中，梁思成对之的阐述包括两个主要方面。一是中国建筑“以斗栱为结构之关键”，而“后世斗栱之制日趋标准化，全部建筑物之权衡比例遂以横栱之‘材’为度量单位，犹罗马建筑之‘柱式’以柱径为度量单位，治建筑学者必习焉”；二是“一系统之建筑自有其一定之法式，如语言之有文法与辞汇，中国建筑则以柱额、斗栱、梁、榑、瓦、檐为其‘辞汇’，施用柱额、斗栱、梁、榑等之法式为其‘文法’”。[21]在此，尽管“辞汇”之说已经出现，但是梁思成早期对中国建筑结构体系的格外重视，以

18 赵辰：《关于“土木/营造”之“现代性”的思考》，《建筑师》2012年第4期（总158期），第20页。

19 John Summerson, *The Classcial Language of Architecture* (Cambridge, Massachusetts: The MIT Press, 1986). 中文译本见萨莫森：《建筑的古典语言》，张欣玮 译，中国美术学院出版社，1994。

20 关于这个问题的讨论，见拙文《“建构”与“营造”观念之再思——兼论对梁思成、林徽因建筑思想的研究和评价》，《建筑师》2016年第3期（总第181期），第19-30页。

21 梁思成：《中国建筑史》，第3页。

及对“中国建筑之‘ORDER’”“以斗栱为结构之关键，并为度量单位”的认识却不能简单归结为“西方古典主义美学”，因为它并非一种再现形式，或者说是一种脱离了“核心形式”的“艺术形式”，这与梁思成自己的建筑实践其实不可同日而语，更不要说梁思成晚年两幅“想象的建筑”草图中倡导的中国建筑形式语言。[22]

梁思成建筑思想中的“西方古典主义美学”的第二个依据是所谓的“三段式”问题。确实，在梁思成以及林徽因的不同文字中都有以台基、梁柱、屋顶或者台基、柱廊、斗栱、屋面作为中国建筑最基本要素的论述，这被认为是在中国建筑上套用文艺复兴以来的西方古典主义“三段式”立面构图或者“文法”的证明。[23]朱涛则认为，在林徽因和伊东忠太对中国建筑的认识之间存在着“一个重要差别”，因为相较于伊东忠太对“中国建筑之特征”的七点概括（宫室本位、平面、外观、装修、装饰花样、色彩、材料与构造），林徽因在特别强调结构的同时，还“将伊东完全没有提及的‘台基’列为一个范畴”。在朱涛看来，“林这一选择其实意义重大：屋顶加斗栱与梁柱，再加上台基，才真正契合西方古典建筑三段论的美学体系”。[24]

然而值得质疑的是，“台基”作为一个建筑范畴真的必然引向“西方古典建筑三段式”吗？关于这个问题，赖德霖曾经以李允鉌所言作为回应：“‘三分说’并不是适于近代对中国传统建筑的研究才提出来的，一千年前北宋的著名匠师喻皓在他所著《木经》一书上，就有‘凡屋有三分，自梁以上为上分，地以上为中分，阶为下分’之说。”[25]

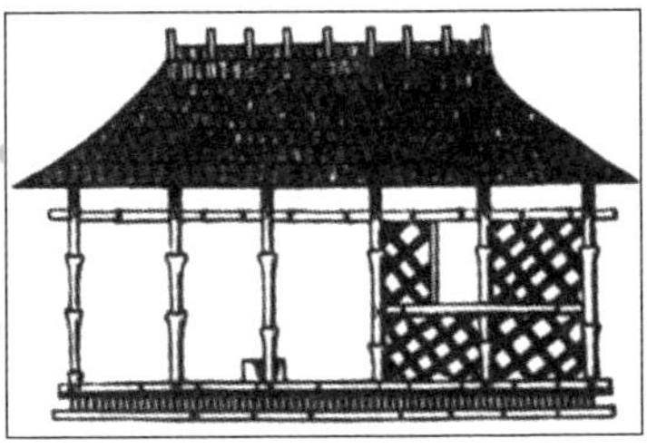

森佩尔：加勒比原始棚屋与建筑四要素

在此，“上分”指屋顶，“下分”指台基，而“中分”则是屋顶和台基之间的屋身，这与“西方古典三段式”可谓异曲同工。另一方面，台基（earthwork，又称基座）也是19世纪德国建筑理论家森佩尔（Gottfried Semper）的“建筑四要素”（Four Elements of Architecture）之一——其他三个要素是壁炉、构架/屋面、围合性表皮。在肯尼斯·弗兰姆普敦（Kenneth Frampton）

22 梁思成：《祖国的建筑》，载《梁思成文集》第五卷，中国建筑工业出版社，2001，第233页。

23 夏铸九：《营造学社——梁思成建筑史论述构造之理论分析》，第22页。赵辰：《民族主义与古典主义——梁思成建筑理论体系的矛盾性与复杂性》，载《“立面”的误会》，生活·读书·新知三联书店，2007，第26-27页。

24 朱涛：《梁思成与他的时代》，广西师范大学出版社，2014，第24页。

25 赖德霖：《中国建筑史叙述与世界的对话：林徽因的文化宣言》，载《中国近代思想史与建筑史学史》，中国建筑工业出版社，2016，第56页。

陆吉耶长老：原始棚屋与建筑的本源

看来，这个基于加勒比原始棚屋发展而来的建筑原型正是森佩尔最大的理论贡献，其重要性远远超过他那个在今天被人们津津乐道的"饰面理论"（Bekleidungstheorie，"表皮建筑学"兴起以来又译"穿衣服理论"）。弗兰姆普敦指出，森佩尔的加勒比原始棚屋更具广泛的人类学意义，因为它超越了陆吉耶长老早先提出的著名原始棚屋，它看似剥离了"建筑的古典语言"外衣，实则仍在此后相当长时期内继续为以古希腊神庙为原型的西方古典建筑提供某种正当性。弗兰姆普敦写道：

> 森佩尔的原始棚屋彻底否定了新古典主义的权威，但仍然将框架置于比承重体量更为重要的地位。与此同时，森佩尔的四要素理论认识到台基的特别重要性，因为正是由于台基与大地融为一体，框架或墙（或者德语所谓的 Mauer）才以这样或那样的方式锚固在场地之中。[26]

本文无意认为，梁思成、林徽因的中国建筑认知曾经受到森佩尔"建筑四要素"的影响。毋宁说，作为第一代具有西学背景的中国建筑学人，梁、林对西方建筑理论的了解不是太多，而是太少，他们的历史理论视野过多地被弗莱彻和福格森的著作所遮蔽。本文旨在指出，上述中外学者的论点足以让我们质疑试图在梁、林的"三分"或者"四分"与"西方古典主义美学"之间建立必然联系的观点。

梁思成建筑思想中"西方古典主义美学"的第三个依据是以"北方官式大木体系"为载体的建筑理论体系与民居或者所谓"匿名氏建筑"（anonymous architecture）之间存在的对立。这种对立被认为是"西方古典主义"的特点，而从未被梁思成等人注意到的荷兰建筑师格里森（Dom Adelbert Gresnigt，1877—1965）以及丹麦建筑师艾术华（Johannes Prip-Møller，1889—1943）对中国民间宗教建筑文化的研究才代表了"土木/营造"之现代性的国际视野。[27]如果我们再注意

26 Kenneth Frampton, "Rappel à l'ordre, The Case for the Tectonic," in *Theorizing a New Agenda for Architecture, An Anthology of Architectural Theory 1965-1995*, ed. by Kate Nesbitt (New York: Princeton Architectural Press, 1996), p.523.

27 赵辰：《关于"土木/营造"之"现代性"的思考》，第20-21页。

一下，在《图像中国建筑史》中，被梁从诫译为“木构建筑重要遗例”一章的英文标题原文是Monumental Timber–Frame Buildings，那么monumental一词的使用似乎更增加了梁思成思想中“西方古典主义美学”的分量，尽管再次需要看到的是，monumental在西方建筑学中并不仅限于古典主义建筑（即具有“古典建筑语言”的建筑），哥特大教堂也是当仁不让的monument。

在这一点上，笔者更倾向于这样的观点，鉴于在梁思成之前中国自己的建筑研究几乎一片荒芜，他从北方官式大木体系着手进行中国建筑史构建的一个重要动因是《营造法式》研究，他曾经将朱启钤1919年在南京图书馆发现的这部历史文献视为解读中国古代建筑的“宝贵钥匙”，而《营造法式》本身就是对北宋时期的官式建筑进行的总结和归纳。相应地，梁思成与其研究团队的田野考察对象也都集中在北方。当然，这一切都是在梁思成接受的巴黎美院学院式建筑教育背景和表现技巧的影响之下，以及在他孜孜以求中国建筑的本质精神并试图以此复兴民族建筑的思想语境中发生的，确实在一定程度上符合对梁思成“政治上的民族主义”与“学术上的古典主义”一拍即合的总体评价。然而应该看到的是，梁思成在这样做的时候却从来没有表达任何将官式大木体系与民居或者“匿名氏建筑”对立起来的意图。相反，早在《我们所知道的唐代佛寺和宫殿》一文中梁思成就已经明确指出：

> 中国的宗教建筑，与非宗教建筑，本来就没有根本不同之点，不像欧洲教堂与住宅之迥然不同。其所以如此者，最大的原因，当然在佛殿与教堂根本上功用之不同。由建筑的功用看来，教堂是许多人聚在一起祈祷听讲的地方，所以堂内要有几十百人的座位，……佛殿并不是预备多数人听讲之用，而是给佛住的，所以佛殿是佛的住宅，与我们凡人的住宅功用相同，差别不多。……佛寺与住宅，从最初就没有分别，一直到今日，还可以证明。[28]

即使在1950年代，梁思成以《祖国的建筑》提出足以让他早期对中国建筑的真知灼见毁于一旦、完全将自己对中国建筑的认知等同于

28　梁思成：《我们所知道的唐代佛寺与宫殿》，第80-82页。

萨默森“建筑的古典语言”意义上的“艺术形式”的两幅“想象的建筑”草图的前一年（1953年），他还在《古建序论》中这样写道：“民居和象征政权的大建筑群，如衙署、府邸、宫殿，这些，基本上是同一类型，只有大小繁简之分。”[29] 毋宁说，这里没有对立，反倒更像是印证了“中国文化并不存在西方文化中的古典主义（classic）与无名氏（anonymous）的艺术区别之定义，只有官式与民间的差别。且这种差别不是对立的，而是以级差（grading）成一整体体系”之说。[30] 按照我的理解，梁思成所说的“大小繁简”除了整体格局和木构规格的不同之外，是否使用斗栱是一个重要区别，但是在梁思成那里，更重要的不是斗栱的有无，而是如何使用。也正是在这一点上，梁思成关于佛光寺东大殿“斗栱雄大，出檐深远”的论断才成为中国建筑史的千古名句。

02 “批判的历史”——对梁思成中国建筑史构建的再认识

上述不成系统的辨析能否撼动或者改变过去数十年一再被重复的对梁思成建筑理论体系的某些认识甚至是“定论”，不是本文的重点。本文的目的是对梁思成中国建筑史构建的再认识。作为建筑史家，梁思成是中国建筑史的奠基人，这没有疑问，值得思考的是他奠立的是怎样一种中国建筑史。夏铸九曾以“生物学类比的历史哲学结合了士大夫改良主义的思想”“环境影响说的机械唯物论简化了社会历史的现实”“结构理性主义之道德规范作为体系之规则”，以及“现代史学文献调查及形式主义美学所支配的建筑史论述”来概括梁思成的“中国建筑史”构建及其作为“民族主义知识分子”的“鼓吹性”写作。[31] 应该说，夏铸九的这一“理论分析”对当代中国建筑历史理论学界（所谓“近代史研究”）影响至深，其中的某些观点也是本文不得不涉及的。然而，除了“民族主义”的基本界定之外，本文无意重复上述分析对梁思成中国建筑史构建的理论语境进行拓展的企图，而是更愿意将他的工作视为一种立足于建筑本体的具有批判思维的历史构建。

让我们借助梁思成1934年发表的《读乐嘉藻〈中国建筑史〉辟谬》一文来认识这一点。在这篇书评性质的文章中，梁思成一方面表达了对伊东忠太和喜龙仁（Osvald Sirén）等外国学者的中国建筑史论著

---

29 梁思成：《古建序论》，载《梁思成全集》第五卷，中国建筑工业出版社，2001，第159页。

30 赵辰：《关于“土木/营造”之“现代性”的思考》，第19页。

31 夏铸九：《营造学社——梁思成建筑史论述构造之理论分析》，第14-37页。

的不满意——前者止于六朝，也缺少真正的中国建筑实物的研究，后者因其作者既非建筑家又非汉学家，故对中国建筑的结构制度和历史演变都缺乏深入了解；另一方面又对中国自己的第一部以《中国建筑史》冠名的著作提出严厉批评。这个批评几乎涵盖了中国建筑的方方面面，其中又以下面几点最为突出：第一，缺少中国建筑现存实物材料；第二，忽略"中国建筑事项循年代次序赓续的活动，标明或分析各地方时代的特征"；第三，章节分配混乱，比如把屋盖与庭院放在同一章；第四，对"中国四千年遗留下来的古籍中，关于建筑的专书，只有宋《营造法式》和《清工部工程做法》两书存在"（当然，我们今天知道实际情况并非如此）以及对这两部著作本身几乎一无所知；第五，将中国建筑"宫室构架"最重要的部件斗栱仅仅视为装饰，而非"最重要的有机能部分"。[32]

可以认为，梁思成的《中国建筑史》和《图像中国建筑史》就是对上述几点不足的弥补和回应，也是梁思成对自己从宾大学习期间已经开始的中国建筑"以'史'命题"之诉求[33]的回应，其研究和分类方法对常规中国建筑史研究的影响一直延续至今。但是在我看来，以《中国建筑史》和《图像中国建筑史》为代表的梁思成中国建筑历史写作还有一个特点至今没有得到明确和充分的认识，这就是它的批判性。梁思成指出，乐嘉藻的《中国建筑史》既忽略了"中国建筑事项循年代次序赓续的活动，标明或分析各地方时代的特征"，也未能"比较各时代的总成绩，或以现代眼光察其部分结构上演变，论其强弱优劣"。在梁思成看来，只有同时做到上述两点，一部"中国建筑史""庶几可名称其实"。[34]因此，梁思成（当然也包括林徽因）的中国建筑史写作不仅是中国现代建筑学最早的历史构建，而且也是一种"批判性"的历史构建。

重要的是，这种"批判性"不仅体现在他们作为"民族主义知识分子"对西方建筑史学家和建筑师的错误认识的回应和驳斥，而且体现在他们对中国自身建筑文化历史发展的批判性认知之中。梁思成要做的不是提出在乐嘉藻那里看到的"关于建筑上各种设计的意见"，[35]而是"以现代眼光"赋予结构在中国建筑中一种特殊的意义，

32　梁思成：《读乐嘉藻〈中国建筑史〉辟谬》，载《梁思成全集》第二卷，中国建筑工业出版社，2001，第291-296页。

33　同上书，第291页。

34　同上。

35　同上。

以此作为批判性价值重估的基础，并以明确的态度将这一批判性融合在历史构建之中，从而使真正优秀的传统得到发扬光大。在我看来，无论梁思成的认识从“历史学”的角度是否经得起推敲，具体的观点是否有待商榷，只要梁思成、林徽因的建筑思想仍然具有当代启示，那么他们在价值重估中展现的批判性就是我们今天应该继承的。

按照这一观点，《图像中国建筑史》那段看似不无“生物学类比”的线性历史观且充满感情色彩的描述真正体现的是梁思成对中国建筑发展的批判性态度。他以“结构”的艺术表达为价值基准，将以佛光寺东大殿为代表的唐代建筑之“豪劲”视为中国建筑发展的顶峰，而将明清建筑的“普遍僵硬”以及因“结构功能蜕化”沦为装饰的斗栱视为衰落和不当。这或许是一种“结构至上主义”，但更是一种价值重估的批判性立场。尽管汉宝德以法隆寺五重塔出檐之大超过中国唐宋以来的建筑却没有复杂的斗栱为证，说明斗栱并无出檐承托结构必要性之“机能”，但是正如笔者曾经撰文指出的，[36]如果从“建构学”（tectonics）的角度进行理解，那么斗栱的“机能”在于“建构”性，即作为结构和受力的艺术表达。就此而言，学者们用后人总结19世纪法国建筑理论家维奥莱-勒-迪克（Eugène-Emmanuel Viollet-le-Duc）的建筑思想的“结构理性主义”（structural rationalism）来概括梁思成的观点并没有错，因为“结构理性主义”的基本诉求就是受力关系的艺术表达。[37]同时梁思成对蓟县独乐寺观音阁的斗栱竟达到柱身二分之一高度的赞美（而不是汉宝德所说的“荒唐”[38]）也就可以理解了。

在这一点上，林徽因《论中国建筑之几个特征》的表述更为清晰：

> 关于中国建筑之将来，更有特别可注意的一点：我们构架制的原则适巧和现代“洋灰铁筋架”和“钢架”建筑同一道理；以立柱横梁牵制成架为基本。……中国构架制度与现代方法恰巧同一原则，将来只需变革建筑材料，主要结构部分则均可不有过激变动，而同时材料之可能，更作新的发展，必有极满意的新建筑产生。[39]

36 王骏阳：《“建构”与“营造”观念之再思——兼论对梁思成、林徽因建筑思想的研究和评价》。

37 肯尼斯·弗兰姆普敦：《建构文化研究——论19世纪和20世纪建筑中的建造诗学》，王骏阳 译，中国建筑工业出版社，2007，第54页。

38 汉宝德：《明清建筑二论·斗栱的起源和发展》，第52页。

39 林徽因：《论中国建筑之几个特征》，《中国营造学社汇刊》第七卷第一期，第179页。

这被诸多学者称为梁思成、林徽因的“新史学”，而我更愿意将其视作“批判的历史”与常规性“中国建筑史”研究的区别。或许，我们可以用朱涛对林徽因与傅斯年的历史态度之比较来概括：“显然，林徽因不像傅斯年那样认为‘史学就是史料学’，而是坚持史学家在遗物里不光‘探讨其结构和式样的特征’，还要做审美和价值判断——‘标证那时代建筑的精神和技艺，是兴废还是优劣’。”[40]在这一点上，林徽因的立场与梁思成批评乐嘉藻时的“以现代眼光察其部分结构上演变，论其强弱优劣”的主张确实极为相似。

这样的批判性在梁思成的写作中比比皆是。在《图像中国建筑史》中，即使“南方的构造方法”和“住宅建筑”只占据了十分有限的篇幅——这一点正是汉宝德等学者对之的诟病之一，但是寥寥数笔，它的“批判性”已经清晰可见：

> 在官式建筑则例影响所不及之处，即使离北京不远，由于采取了较为灵巧的做法，也使建筑物的外观看来更有生气。这种现象在江南诸省尤为显著。这种差异不仅是较暖的气候使然，也是南方人匠心技巧所致。在温暖的南方地区，无需厚重的砖、土墙和屋顶来防寒。板条抹灰墙，椽上直接铺瓦，连望板都不用的建筑随处可见。木材尺寸一般较小，屋顶四角常常高高翘起，颇具愉悦感。然而，当这种倾向发展得过分时，常会导致不正确的构造方法和繁缛的装饰，从而损害了一栋优秀建筑物不可缺少的两大品质——适度和纯朴。[41]

梁思成的批判性甚至体现在他对佛光寺东大殿这个中国建筑“第一瑰宝”的评述之中。在《记五台山佛光寺建筑》中，他将内槽补间铺作后尾假华栱两跳称为“全殿唯一虚假结构”。[42]“佛殿斗栱之分析”第六条最后对之评述道：“如此矫造，在结构上实为不可饶恕之虚伪部分。”[43]“材梁”一节赞美佛光寺东大殿的斗栱雄大豪壮，优于元明以后的“日渐减小而沦为装饰”，但同时又曰：“但如殿槽内补间铺作后尾之假作两华栱以求外形之对称者，实结构上之欺诈行为，又不禁为

40 朱涛：《梁思成与他的时代》，第26页。

41 梁思成：《图像中国建筑史》，第326页。

42 梁思成：《记五台山佛光寺建筑》，《中国营造学社汇刊》第七卷第一期，第35页。

43 同上书，第35页。

当时匠师惋惜也。”[44]在此，我们没有篇幅空间为梁思成的这些评述及其合理性进行辨析。[45]笔者更倾向于强调的是梁思成的评述中呈现出的批判性，它与《图像中国建筑史》的历史构建一脉相承，可谓一种批判性的理论构建。

值得一提的是，莫宗江先生最初绘制的佛光寺东大殿立面上是有“翼形栱”的，这个从结构受力角度匪夷所思（但或许可以理解为有区别柱头铺作和补间铺作的作用）的构件，在《中国建筑史》和《图像中国建筑史》以及《中国营造学社汇刊》中正式发表的佛光寺东大殿立面上“不翼而飞”。如果说梁思成将宋《营造法式》和清工部《工程做法》视为中国四千年古籍中仅有的两部建筑专书的论断源自那个时代历史视野的局限，那么从佛光寺东大殿立面上删除翼形栱则无疑属于有意而为，而且这显然有悖学界关于“中国营造学社的测绘图体现出图像记录的准确性”[46]的总体评价。

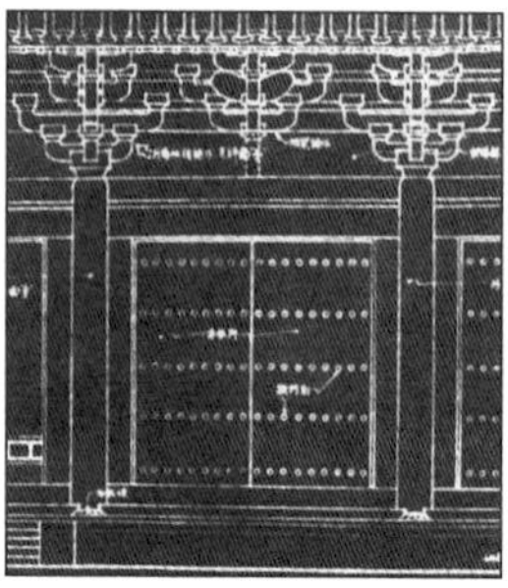
中国营造学社 / 莫宗江
有翼形栱的佛光寺东大殿立面图局部

作为建筑史家，梁思成删除翼形栱值得争议，因为正如夏铸九对梁思成“结构理性主义”的评论所言，它是“非社会与非历史的”[47]——这里的“历史”应该理解为横向的历史语境，而非梁思成强调的纵向的历史变化；但是作为建筑师，梁思成的删除又似乎无可非议，如果我们把它视为一种批判性设计的话。换言之，梁思成的佛光寺东大殿立面与其说是测绘图，不如说是批判性思维下的设计结果，他要设计一座建筑——比现实的佛光寺东大殿更加完美、更符合其理想观念的唐代建筑/中国建筑。在这里，理论是非历史的，即它的有效性是相对于设计而言的，而不是历史。

致力于中国古代艺术和建筑研究的美国学者夏南悉（Nancy Shatzman Steinhardt）曾经指出，梁思成将佛光寺东大殿呈现为一个理想化的“典范级原型”（iconic archetype）对后续的中国建筑史研究是一个“阻碍”（obstruction），因为它太具有选择性，从历史学的角度不可接受，毋宁说是中国建筑史的“政治”（the politics of Chinese

44 同上书，第36-37页。

45 有关辨析见温静：《“殿堂”——解析佛光寺大殿的斗栱设计》，《建筑学报》2017年第6期（总第585期），第43-48页。

46 李士桥：《现代思想中的建筑》，中国水利水电出版社、知识产权出版社，2009，第128页。

47 夏铸九：《营造学社——梁思成建筑史论述构造之理论分析》，第24页。

architectural history)。[48]就此而言，上述“翼形栱”在佛光寺东大殿立面“不翼而飞”这个小小的细节完全可以作为这一政治性“选择性历史”的又一例证——尽管夏南悉文中并没有讨论这个“翼形栱”问题。

在我看来，选择的正当性无法通过历史层面获得，却可以在设计层面获得——从某种意义上而言，设计与历史的关系就是选择，即在价值重估的基础之上，选择与当代设计相关的，放弃无关的。因此，如果超越“建筑史研究与建筑实务间的纠葛”，[49]将梁思成视为一位具有设计思维的建筑史学家——事实上，梁思成在作为《中国建筑史》代序的《为什么研究中国建筑》一文最后似乎已经表明了这种设计思维的诉求：“……建筑师增加了本国的学识和趣味，他们的创造力量自然会在不自觉中雄厚起来。这便是研究中国建筑的最大意义”，[50]那么梁思成的佛光寺东大殿与其说是常规历史学意义上的“发现”，不如说是设计思维在价值重估基础上的“寻找”。

03“操作性批评”与历史和传统的批判性价值重估

“批判性”涉及价值判断，因而必然引发质疑和争论。一个严肃的“批判的历史”的书写首先需要力争史料的详实以及自身观点的基础坚实，避免林徽因所说的“粗忽观察”和“浮躁轻率的结论”。[51]在这一点上，梁思成、林徽因和“营造学社研究者们认真的态度与田野调查的工作态度令人感动”。[52]然而，如果梁思成的中国建筑史构建可以被视为一种“批判的历史”(critical history)的话，那么它绝非夏铸九“理论分析”中提及的意大利建筑史学家曼弗雷多·塔夫里(Manfredo Tafuri)意义上的“批判的历史”，后者以马克思主义的“意识形态批判”为武器，旨在破除现代运动的自我神话，揭示现代建筑作为资本主义发展之意识形态表征的虚幻性——毫无疑问，这样的“批判性”是梁思成的中国建筑史构建完全不具备的，也是他的理论视野完全无法想象的。毋宁说它更接近于塔夫里意欲摆脱的现代建筑理论

48 Nancy Shatzman Steinhardt, “The Tang Architectural Icon and the Politics of Chinese Architectural History,” *The Art Bulletin*, Volume LXXXVI Number 2 (June 2004), p.231.

49 夏铸九：《营造学社——梁思成建筑史论述构造之理论分析》，第4页。

50 梁思成：《为什么研究中国建筑——代序》，载《中国建筑史》，第11页。

51 林徽因：《论中国建筑之几个特征》，第164页。

52 夏铸九：《营造学社——梁思成建筑史论述构造之理论分析》，第4页。

历史中的“操作性批评”(operative criticism),或者说“操作性历史”(operative history)。

在塔夫里那里,“操作性批评”不仅体现了“历史与设计的结合”,而且在这样做的时候,自觉与不自觉地形成一种“历史主义”(historicism)或者更准确地说是黑格尔主义“历史决定论”(historical determinism)的立场。它“以预示行动的方式强化了历史:强化过去的历史是因为它以强有力的意识形态干预了历史,它不准备接受遍布历史的失败与分崩离析;强化未来是因为它不满足于单纯地记录历史事件,而且促成尚未显露的(至少尚未明确的)问题和答案。它的立场是批评过去的历史,并预示未来的历史”。[53]某种意义上,这样的“操作性批评”正是以佩夫斯纳(Nikolaus Pevsner)和吉迪恩(Sigfried Giedion)为代表的现代建筑史学的特征。

与“操作性批评”不同,塔夫里不仅接受了“遍布历史的失败与分崩离析”,通过纷繁复杂的历史事件和历史记录的研究重构现代建筑史,而且理所当然拒绝了与“操作性批评”如影随形的“历史决定论”。更重要的是,塔夫里对历史学家在历史与设计之间的纠缠不屑一顾,称其为“武装到牙齿的批评者”(militant critic),并试图以一种“纯粹的批评者”(pure critic)取而代之,其任务是理解、发现并最终解构矛盾,而不是对设计给出意见和见解。但是塔夫里这样做的目的并非成为一个无动于衷的旁观者。相反,他要改变的不仅是建筑,还有世界。“为使自己服务于一场旨在不仅改变建筑而且改变世界的运动,批评者必须让自己尽可能置身于文化和学科趋势之外,以便确立自己的认识立场。”[54]这就是塔夫里的“历史自主”(the autonomy of history)——相对于设计的“自主”。他进而将自己的角色从暧昧的“批评”(criticism)转向彻底的“历史”(history)。他宣称,“没有批评,只有历史”(There is no criticism, only history)[55]——按照我的理解,塔夫里这里的“批评”是指“操作性批评”,而不是一般意义上的批评。在他看来,“通常在建筑杂志上看到的批评都是建筑师所为,坦率地说,他们是糟糕的历史学家”。[56]

53 曼弗雷多·塔夫里:《建筑学的理论和历史》,郑时龄 译,中国建筑工业出版社,2010,第112页。

54 Alberto Asor Rosa, Ruth Taylor, Daniele Pisani and Manuel Orazi, “ Manfredo Tafuri, or, Humanism Revisited” in *Log* No.9, Winter/Spring (2007), p.31.

55 “ There is no criticism, only history”, Richard Ingersoll interviews Manfredo Tafuri, *Casabella*, 619-620 (January-February 1995), p.97.

56 Alberto Asor Rosa et al., “ Manfredo Tafuri, or, Humanism Revisited,” p.31.

法国当代建筑历史学者让-路易·柯恩（Jean-Louis Cohen）曾经用现代建筑史学中一场革命性的“认识论决裂”（epistemological break）来概括塔夫里的“历史工程”（historical project）。[57]遗憾的是，伴随着这场“认识论决裂”的“历史自主”和“改变世界”的诉求，在“杀死建筑”（L'architecture assassinée——阿尔多·罗西语[58]）之余并没有比另一种乌托邦走得更远，反而使自己致力于建设的“批判建筑学”变成一项难以企及的社会变革任务。这就带来本文两个需要得到澄清的基本立场。第一，对于本文而言，“批判性”只在学科内以及学科所能及的范围内有效。第二，鉴于历史的“自主”以及与设计（特别是当代设计）的分离正是本次“八十年后再看佛光寺”活动试图改变的（尽管中国建筑学界的这一分离状况与塔夫里寻求的并非一回事），重新审视“操作性批评”与建筑学科的关系就成为一种必要。当然，正如柯林·罗（Colin Rowe）曾经指出的，“操作性批评”之所以成为“历史决定论”的帮凶，完全在于它将当下作为历史终点的推论（the inference that the present is the end of history）。[59]这意味着，任何对“操作性批评”的重新思考都需要超越“历史决定论”，而将自己限定于一种当下对历史的价值判断的体现，根本不必用历史发展的必然性标榜自己，以谋取历史的“正当性”和“合法性”。换言之，它的有效性只在当下，而不在未来，更不在于宏大的历史构建。我们甚至可以认为，“操作性批评”的价值正在于“批评”而非“历史”。这是一个对塔夫里“没有批评，只有历史”论断的认识论反转。它的核心在于对历史和传统的批判性价值重估，以及这一批判性价值重估对当代设计的意义。

在塔夫里那里，勒·柯布西耶（或者更准确地说是早期柯布）不仅是“糟糕的历史学家”，而且与佩夫斯纳和吉迪恩一样是“操作性批评”的践行者。然而，正是柯布早期的《走向一种建筑》（*Vers une architecture*，通常译为《走向新建筑》）被萨默森誉为“本世纪最为重要的建筑论著，尽管它……没有自诩为一种建筑理论”。[60]在萨默森看来，该书的一系列批判性论文“与其说提出了绝对新的建筑原理，不如说

---

57 Jean-Louis Cohen, "Cecin'est pas une histoire," *Casabella* 619-620, (January-February 1995), p.49.

58 Manfreo Tafuri, *Architecture and Utopia: Design and Capitalist Development* (Cambridge, Massachusetts, and Lodon, England: The MIT Press, 1976), p.180.

59 Colin Rowe," Review: *Architecture :Nineteenth and Twentieth Centuries* by Henry Russell Hitchcock," in *As I Was Saying*, Vol. One (Cambridge, Massachusetts, and London, England: The MIT Press, 1996), p.184.

60 John Summerson, "The Case for a Theory of Modern Architecture", in *Architecture Culture 1943-1968*, ed. by Joan Ockman (New York: Rizzoli, 1993), p.229.

是用现代的眼光将相当一部分已经被遗忘的内容重新展现出来，而且这一展现还是以极其矛盾的方式完成的。作为法兰西理性传统的一部分，它为长期以来众说纷纭的思想争论开启了新的阶段。这一传统始于18世纪早期的耶稣教知识分子，之后又有学院反叛者的加入”。在此，萨默森指出，“如果‘传统’意味着原理的经久不衰的传承的话，那么它在这个语境中并不是一个合适的字眼。法兰西理性传统是一个历史过程，它由一系列矛盾和价值重估（reassessments）组成，而《走向一种建筑》则是这个传统的最新组成部分”。[61]

纵观柯布的这部著作，建筑学的新旧内容兼收并蓄，对它们的传承和批判兼而有之。全书六大章分别是“工程师的美学 · 建筑”“给建筑师先生们的三个旧事重提”“视而不见的眼睛”“建筑”“成批生产的住宅”“建筑或者革命”，新旧交错，煞费苦心。其中既有对建筑学三个基本问题（体量、表面、平面）的重新强调——其中最为柯林 · 罗注意的是对巴黎美院建筑理论教授加代（Julien Guadet）的著名论断“平面是生成器”（Le plan est génerateur）的引用，也有对法兰西学院体制的谴责，以及对“罗马大奖”（巴黎美院的学生作品大奖，获奖者可以去罗马和希腊游历和学习）和美第奇别墅（法兰西学院的罗马总部）的厌恶，谓之“法兰西建筑的癌”——但是，这并没有妨碍柯布将巴黎星形广场凯旋门或者凡尔赛小特里亚农宫等学院派作品作为建筑比例的优秀范例，正如中世纪教堂巴黎圣母院可以成为这种范例一样；既有对罗马“沉沦堕落”的不满，也有对罗马建筑几何原型的提炼；既有对现代结构工程师的崇敬，又将帕提农神庙作为超越“工程师美学”的“纯精神创造”；既有对现代绘画艺术的赞美，也有对当代人“视而不见的眼睛”的批评。简言之，在这些看似“芜杂”和“矛盾”（吴焕加语）[62]的观点背后，是勒 · 柯布西耶对传统和历史乃至建筑学的批判性价值重估。

《走向一种建筑》不是一部建筑史著作。它的写作得益于前人的历史研究，柯布在书中数次援引19世纪法国建筑史学家奥古斯特 · 舒瓦齐（Auguste Choisy）的《建筑史》（*Histoire de l'architecture*）中的雅典卫城插图便足以说明这一点。柯布是幸运的，因为前人已经做了大量基础性研究工作，有了大量积累，他可以博览群书，从中摄

61 Ibid.

62 吴焕加：《20世纪西方建筑史》，河南科学技术出版社，1998，第104页。

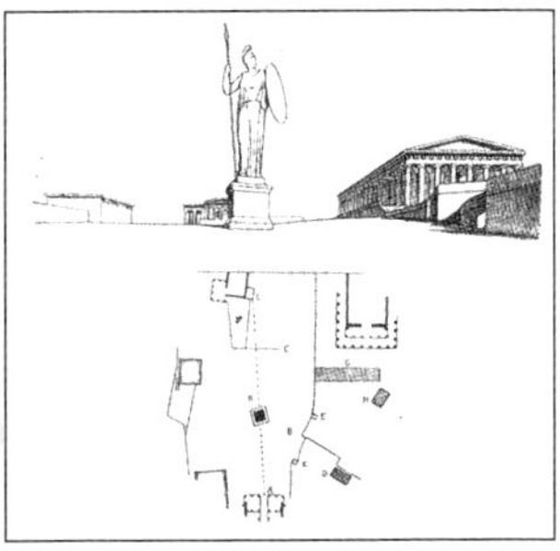

奥古斯特·舒瓦齐：雅典卫城透视与平面

布宜诺斯艾利斯的谷仓

勒·柯布西耶删除山花后的同一谷仓

取自己最需要的养分，进行创造性转化。在此，《走向一种建筑》中的一个细节也许值得一提，它与佛光寺翼形栱从营造学社官方立面上“不翼而飞”确有相似之处。“体量”(volume)是柯布“给建筑师先生们的三项提醒”之一，为论述这个问题，柯布援引格罗皮乌斯之前在《德意志制造联盟年鉴》(*Jahrbuch des Deutschen Werkbundes*)上曾经使用的一个位于阿根廷布宜诺斯艾利斯的谷仓照片，但是将其顶部的山花删除。很显然，这种“篡改”(类似情况在《走向一种建筑》中其实还不止一处)的“正当性”也只能从设计而非历史的角度进行判断。

相比之下，梁思成、林徽因等“中国营造学社”先辈面临的是中国建筑史研究的一片空白，他们需要从无到有，在极其困难的社会和资金条件下，一点一滴地构筑中国建筑史的学科基石，使我们今天有可能在这样的基石上继续为建造中国建筑学的学科大厦添砖加瓦。正由于此，他们的身份是双重的，既是一般意义上的建筑史家，又是超越这一身份、具有强烈设计思维的建筑师。这多少导致出现在他们的学术观点上的矛盾和种种被诟病之处，也使我们对他们的评价无法像对待柯布那样无需同时顾及建筑史的学科标准和建筑师的创作思考。

在萨默森那里，勒·柯布西耶的“幸运”还表现在一次世界大战期间，身处作为中立国而避免战争的瑞士，柯布仍可能在设计建造日内瓦湖畔别墅的同时，致力于传统的批判性价值重估。[63]作为对比，梁思成、林徽因等“中国营造学社”先辈在过于剧烈和残酷的社会和政治动荡中身不由己；他们由于主客观的原因缺少勒·柯布西耶的“普世主义”，却背负了太多的“民族主义”重担，以至于他们对现代建筑原本十分有限的认识最终被淹没在对“中国固有式”的迷恋之中。他们学术生涯真正的“悲剧性情节”不在于“只有在逃难的过程中，才被迫接受民间建造体系”，[64]而在于当一切都在政治和社会风暴中化为

63 John Summerson, “The Case for a Theory of Modern Architecture”, p.231.

64 赵辰：《关于“土木/营造”之“现代性”的思考》，第20页。

乌有之后，他（梁思成）只能将佛光寺东大殿这个“中国的象征”作为“内心的唯一所爱”。[65]

04 “历史的”与“非历史的”——从梁思成的佛光寺东大殿到勒·柯布西耶的帕提农神庙

尽管梁思成的中国建筑史构建因其“非社会与非历史的”某些方面而遭到当代学者的诟病，但是正如前文所述，这里的“历史”应该理解为横向的历史语境，而非梁思成强调的纵向的历史变化。事实上，无论在与早先的弗莱彻“建筑之树”对中国建筑的“非历史”化“贬低”针锋相对的意义上来说，还是就对鲍希曼（Ernst Boerschmann）等同时期西方学者的中国建筑研究的不满乃至“冷落”而言，[66]将梁思成的中国建筑史构建视为一种有意识的“宏大历史叙事”也许不为过，更不要说它还被赋予了“民族主义”的伟大使命。鉴于中国建筑史很大程度上又是一部木构建筑史，佛光寺东大殿“斗栱雄大，出檐深远”自然成为其历史地位的有力证据。

梁思成对佛光寺东大殿的认识深陷这一木构建筑史之中，以至于东大殿的木构几乎是《图像中国建筑史》对佛光寺论述的全部。《中国建筑史》的论述稍有不同，称其“揆之寺中地势，今殿所在或即阁之原址”，[67]但是与《图像中国建筑史》共用的立面和剖面都只表达了位于大平台上的佛光寺东大殿。在笔者的中建史学习记忆中，佛光寺似乎位于一块平地之上，而所有带着这一认知第一次参观佛光寺的人必定会大吃一惊，原来佛光寺最具当代建筑学显著意义的，也许在于它与地形和山景朝向的关系，无论这一关系是在建筑本身的意义还是在它的宗教意义上进行理解。当然，这样说并不表示佛光寺的当代建筑学意义仅此一点。参与“八十年后再看佛光寺”活动的建筑师们的“视角”足以说明其他可能。

“历史”的视野使得梁思成的“结构理性主义”事实上是以风格为优先的。在这一点上，1935年南京国立中央博物院设计方案可以作为一个很能说明问题的案例。尽管这个方案的提出在佛光寺东大殿发现之前，但是有理由相信，梁思成中国建筑史构建雏形在那时已

65 Nancy Shatzman Steinhardt, “The Tang Architectural Icon and the Politics of Chinese Architectural History,” p.248.

66 王贵祥：《非历史的与历史的：鲍希曼的被冷落与梁思成的早期学术思想》，《建筑师》2011年第2期（总第150期）。

67 梁思成：《中国建筑史》，第81页。

经形成。在那里，越是接近后来《图像中国建筑史》称为“豪劲”之风的建筑越是得到梁思成青睐，而已知中国建筑实物中作为“辽和宋初风格”之代表的山西大同上华严寺大雄宝殿成为国立中央博物院的原型就完全可以理解。这令人想起19世纪德意志建筑史上的那场“我们应该以什么风格建造？”(In welchem Style sollen wir bauen?)的争论。不同的是，建筑的材料性和受力特征而非风格的历史演变是这场争论的关键，[68]它对于催生现代建筑中的“结构理性主义”至关重要；而国立中央博物院的辽和宋初建筑的豪劲遗风却是在一座钢筋混凝土结构为主体的建筑上获得的。

更值得注意的是，如果早在梁思成的第一篇中国建筑史研究论文《我们所知道的唐代佛寺与宫殿》中，他已经将中国佛寺与希腊神庙相提并论，那么与梁思成通过中国建筑历史构建而赋予佛光寺东大殿无与伦比的历史地位不同，勒·柯布西耶对帕提农神庙这个“精神的纯创造”的认识则完全是“非历史”的。总的说来，这一“非历史”认识大致可以概括为以下五点：

首先，勒·柯布西耶对帕提农神庙的建造年代毫无兴趣，他眼中的帕提农神庙是充满雕刻力量的几何体量的建筑——在《走向一种建筑》中它还是阳光下的几何体量，柱式、山花、三陇板都不见了（尽管它们并没有从让纳雷的速写上完全消失）。《走向一种建筑》显示，在后面这几个方面，柯布最为欣赏的是柱式上的凹槽，因为它们展现了一种雕刻的力量；反之，他将三陇板装饰的实物模型称为“学院向学生夸耀它在教学上产生的影响”。[69]

其次，勒·柯布西耶的帕提农神庙是白色或者说纯色的建筑，这与19世纪那场名噪一时的“彩饰之争”(the polychrome controversy)[70]中的希腊神庙大相径庭。在这场争论中，即便是注重结构表达、对古典样式没多少兴趣的拉布鲁斯特(Henri Labrouste)也坚定地站在彩饰的一边，更不要说以“饰面理论”著称的森佩尔。对希腊神庙的彩饰认知甚至反映在维奥莱-勒-迪克的《建筑学讲义》(*Entretiens sur l'architecture*)之中。[71]柯蒂斯告诉我们，早在佩雷事务所实习期

68 肯尼斯·弗兰姆普敦：《建构文化研究》，第71页。也见Heinrich Hübsch et al., *In What Style Should We Build? The German Debate on Architectural Style*, trans. Wolfgang Hermann (Los Angeles: Getty Research Institute, 1996).

69 勒·柯布西耶：《走向新建筑》，陈志华 译，陕西师范大学出版社，2004年，第184页。

70 王丹丹：《再论“彩饰之争”》，《建筑师》2013年第3期（总第163期），第27-35页。

71 尤金-艾曼努尔·维奥莱-勒-迪克：《维奥莱-勒-迪克建筑学讲义》，白颖、汤琼 译，中国建筑工业出版社，2015，上册第37页，下册第496和505页。

间，当时还是以夏尔-爱德华·让纳雷（Charles-Édouard Jeanneret）为名的柯布就从这位“新古典主义”建筑师那里了解到维奥莱-勒-迪克等法国理性主义者的理论，他还用在佩雷事务所的第一份薪水购买了维奥莱-勒-迪克的《建筑词典》（*Dictionnaire de l'architecture*）。[72]

有理由相信，将博览群书作为“自我教育方式”（柯蒂斯语）[73]的柯布不可能对史上名噪一时的希腊神庙“彩饰学”一无所知，但是他仍然在《走向一种建筑》中将帕提农神庙视为白色或者纯色，这显然与他的“价值重估”——一个与梁思成删除佛光寺东大殿翼形栱多少有些异曲同工的举措有关。当然，“彩饰说”中的第三种立场——总体白色或者纯色、局部施以色彩——似乎还是对柯布后来的建筑实践产生了非同小可的影响，从早期的“纯粹主义/机械美学”别墅到后来的粗野主义的混凝土建筑都无不如此。

第三，勒·柯布西耶的帕提农神庙是形式精确性和标准化的建筑，这种认知使他在《走向一种建筑》中将帕提农神庙与现代汽车制造相提并论：“帕提农是精选了一个早已建立了的标准的结果。在它之前100年，希腊庙宇的所有部分都已经标准化了。……标准就是人类劳动中所必须有的秩序。……汽车是一件功能很简单（转动）而目标很复杂（舒适、坚固、漂亮）的东西，它迫使大工业必须进行标准化。”[74]在这方面，希腊神庙柱身的分段预制最为柯布欣赏。在柯布看来，如同多立克神庙从希腊文化最初的原始状态发展到帕提农的登峰造极一样，汽车也在不断努力的发展中趋于尽善尽美。这种脱离了时间感的“非历史”观点偶尔也出现在梁思成、林徽因对中国建筑的阐述中，特别是他们将中国建筑与西方建筑并置的“跨文化”论述中。

第四，勒·柯布西耶的帕提农神庙既“孤孤单单、方方正正……天地之间，除了这座神庙，以及饱受千百年损毁之苦的石板阶地，别无他物”，[75]又是整个自然环境的一部分——这与梁思成对佛光寺东大殿的关注点截然不同。柯布写道：“雅典卫城的轴线从彼列港直达潘特利克山，从海到山。……在雅典卫城上，庙宇互相斜对形成环抱之势，一瞥之下，尽收眼底。海与额枋一起构图，等等。”[76]也正是在这样的描述中，舒瓦齐《建筑史》中的雅典卫城插图再次出现（此前两次

72 威廉J·R·柯蒂斯：《20世纪世界建筑史》，本书翻译委员会 译，中国建筑工业出版社，2011年，第164和第85页。

73 同上，第164页。

74 勒·柯布西耶：《走向新建筑》，第113-116页。

75 勒·柯布西耶：《东方游记》，管筱明 译，世纪出版集团 上海人民出版社，2007，第167页。

76 勒·柯布西耶：《走向新建筑》，第159和第163页。

出现在“给建筑师先生们的三个旧事重提”的第三部分“平面”之中）。

美国学者理查德·艾特林（Richard A. Etlin）曾经指出，要理解帕提农神庙对于勒·柯布西耶的意义，就必须对源自浪漫主义革命的19世纪建筑中的法兰西希腊主义（French architectural Hellenism）的历史有所了解。[77]法兰西建筑学中的希腊主义曾经出现在维奥莱-勒-迪克的论著中，而真正激起柯布回应的并非舒瓦齐书中的历史叙事，而是其中的两幅雅典卫城插图（平面分析和场景透视），它们得益于获得“罗马大奖”的建筑师以及法兰西雅典学院（L’École Francaise d’Athènes）同行们的研究，他们从曾经作为规整和对称之典范的希腊神庙之间的相互关系着手，将发源于英国的“如画”（picturesque）观念运用于不规则总体设计的新思考。这导致对帕提农神庙的全新理解，以及一种注重场地和景观关系的建筑学观念。

可以认为，柯布建筑生涯中最重要建筑观念之一的“建筑漫步”（promenade architecturale）在很大程度上源自于此。诚如艾特林所言，通过对舒瓦齐“希腊艺术之如画性”的重新诠释以及“纯粹主义/机械美学”的建筑实践，“勒·柯布西耶成功地将法兰西希腊主义的双重遗产——雅典卫城的建筑漫步和帕提农的美学典范——与一个始于浪漫主义革命的、致力于创造一种能够表现时代的新建筑的广泛目标充分融合在一起。”[78]

作为美学典范的帕提农神庙

勒·柯布西耶：土耳其民居写生

第五，勒·柯布西耶的帕提农神庙深受古典主义影响，但是在柯布那里，帕提农神庙这一被法兰西希腊主义学院派建筑师视为至高无上的“美学典范”（aesthetic icon）[79]的建筑却从未被作为“正宗”来看待。在“东方之旅”中，它充其量只是整个旅行的高潮之一，另一个值得一提的高潮无疑是土耳其和君士坦丁堡（伊斯坦布尔）。正是在这部分旅行中，让纳雷受到了伊斯兰清真寺和土耳其民居的洗礼。《走向一种建筑》给予后者的笔墨几乎全无，但是这些内容在柯布后来的著作中一再出现这

77 Richard A. Etlin, “Le Corbusier, Choisy and French Hellenism: The Search for a New Architecture,” *The Art Bulletin*, Volume LXIV, Number 2 (June 1987), p.265.

78 Ibid., p.278.

79 Ibid., p.274.

一事实足以说明，与帕提农神庙一样，它们对柯布同样至关重要，宛如一个硬币的两面。

我以为，这样的综合原本也是梁思成等一代营造学社先辈的抱负，他们从来没有试图将“古典主义”/北方官式大木体系与民间/民居建筑对立起来，也没有认为有了前者就可以忘记或者忽视后者——事实上，对于现代中国建筑学而言，我们需要超越的正是“中国建造文化传统之真正本质”[80]究竟是“官式”还是“民间”的悖论。

05 结语：八十年后再看佛光寺与建筑学的认识论转向

我愿意将勒·柯布西耶的帕提农神庙视为现代主义认识论转向的体现，它与梁思成中国建筑历史构建的相同之处在于其批判性和理论性——这里的“理论性”指的是一种观点和诠释，而且，正如英国学者雷蒙·威廉斯（Raymond Williams）曾经在阐述“理论”的词义变化时指出的，“如果一个理论公诸于世而无人反对的话，它必定不再只是一种理论（theory），而将成为一种规律（law）”[81]——而与后者的差异则首先在于它的“非历史性”。就此而言，在中建史学者那里，作为梁思成早期学术思想之反例的伯施曼（鲍希曼）关于中国建筑著作中的“非历史”特征究竟表明了他的基本立场仍然深受弗莱彻“建筑之树”的影响，[82]还是现代主义“非历史的”认识论转向的又一体现，就是另一个有待建筑历史理论学科甄别和思考的问题。需要强调的是，在过去的大半个世纪，现代主义已经受到太多攻击，以至于我们很容易忽略它的真正遗产——柯布之后，这一遗产不仅在日本现代主义对伊势神社的重新解读中得到彰显，[83]也曾被艾森曼的“现代主义的角度”（aspects of modernism）[84]以及历时四十年的特拉尼研究[85]几乎推到极致。应该看到，“非历史”的“形式主义”是

伯施曼：《中国的建筑与景观》中文版封面

80 赵辰：《关于“土木/营造”之“现代性”的思考》，第20页。

81 雷蒙·威廉斯：《关键词：文化与社会的词汇》，刘建基 译，生活·读书·新知三联书店，2005，第487页。也见王骏阳：《理论何为？——关于建筑理论教学的思考》，载《理论·历史·批评（一）》，同济大学出版社，2017，第7-26页。

82 王贵祥：《非历史的与历史的：鲍希曼的被冷落与梁思成的早期学术思想》，第84页。

83 Jonathan M. Reynolds, “Ise Shrine and a Modernist Construction of Japanese Tradition,” *Art Bulletin*, Volume LXXXIII, Number 2 (June 2001), pp.316-341.

84 彼得·艾森曼：《现代主义的角度：多米诺住宅和自我指涉符号》，范凌译，《时代建筑》2007年第6期（总第98期），第108-110页。

85 Peter Eisenman, *Giuseppe Terragni: Transformation, Decomposition, Critique* (New York: The Monacelli Press, 2003).

后面这些对历史的现代解读遭受责难的“致命伤”。但是依我之见，无论现代主义有多少不足，它的“非历史性”认识论转向仍然对当代中国建筑学不无意义。同样，无论参与本次《建筑学报》组织的“八十年后再看佛光寺”的建筑师们提供的“视角”在“历史”层面存在多少瑕疵，它们都是超越“宏大历史叙事”、重新认识中国传统建筑当代价值的可贵尝试。

这就是本文将“八十年后再看佛光寺”之“再看”视为一种“认识论反思”(an epistemological reflection)的用意和期望所在。

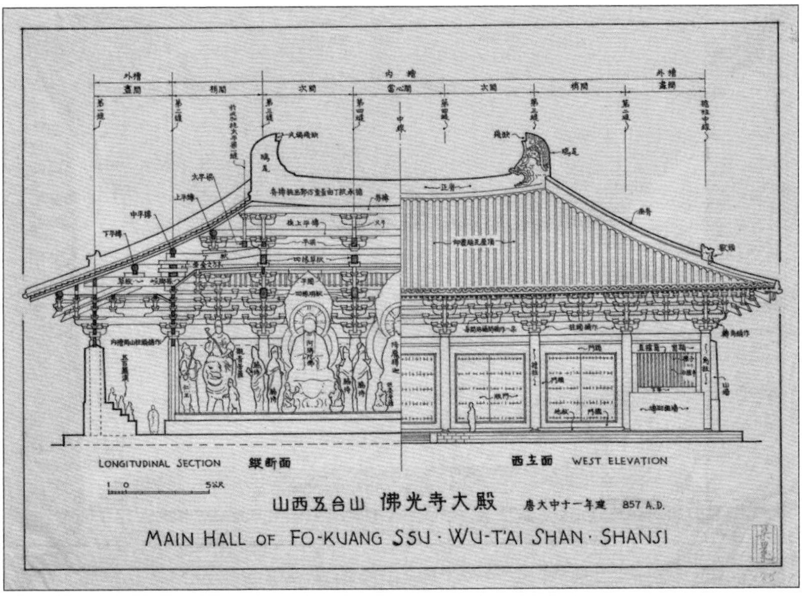

中国营造学社：佛光寺东大殿

佛光寺地形示意图

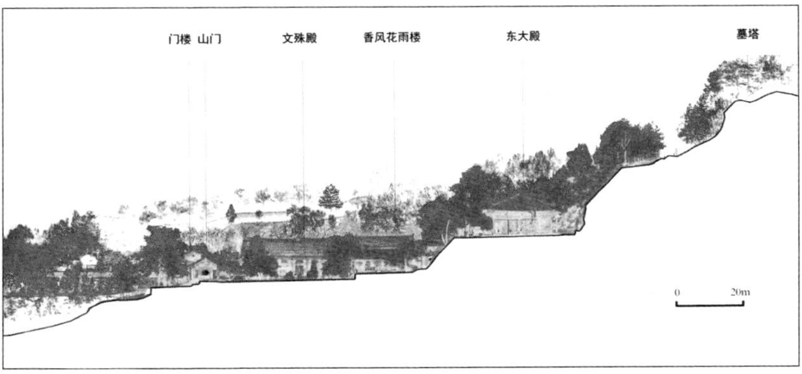

附录

《建筑学报》"八十年后再看佛光寺——当代建筑师的视角"学术主持前言

2017年4月，在梁思成先生带领的"中国营造学社"考察队发现佛光寺八十周年之际，我有幸参加了《建筑学报》组织、天津大学丁垚老师担任向导的佛光寺考察之行，除了学报编辑部成员之外，既有朱光亚、肖旻、王南、温静、诸葛净、任思捷等不同代际的中建史学者，也有殷力欣、王军这样的文化研究学者，还有梁思成先生的嫡孙梁鉴。大家怀着崇敬的心情，追寻营造学社先辈们的足迹，并以现场座谈会的形式交流了各自研究的最新成果（这些成果的大部分内容后发表于《建筑学报》2017年第6期）。短短的两天，对于我这样一个中建史的门外汉来说，可谓收获满满。

这次佛光寺之行促使我思考两个问题。一方面，中外建筑（大多数情况下则是中西建筑）历史理论在现代中国建筑学中的长期分野不仅形成近乎各自为政的学科领域，而且也拥有彼此不同乃至相互孤立的知识形态和内容。另一方面，在大多数情况下，或者说除了中国传统建筑修复以及各种假古董建筑的项目之外，中建史研究似乎又与中国当代建筑实践和设计思想没有多少关联，中国传统建筑认知的现代转型似乎仍处在与我们距离很远的状态。

正是基于这两个不成熟的思考，我向《建筑学报》黄居正执行主编提议，组织一次当代建筑师的佛光寺考察之行，作为2017年佛光寺发现八十周年纪念活动的续篇，以更为开放和不拘一格的方式重新审视佛光寺这个在中国近现代建筑历史上具有偶像地位的建筑所具有的当代建筑学意义。这个提议得到黄居正执行主编和丁垚老师的积极支持，以及上海的张斌、柳亦春、冯路、王方戟，北京的王辉、李兴钢、董功，香港的王维仁八位建筑师的积极响应。于是就有了由《建筑学报》组织的第二次佛光寺考察之行。其中最令人难忘的一幕是2017年11月5日夕阳西下之时，我们一行人在佛光寺东大殿前的大平台上，眺望远方的落日余晖，聆听丁垚老师诵咏之前在微信公众号"上栋下宇"上连载的《发现佛光寺》，缅怀营造学社先辈的伟绩，感受历史和自然时空的远久与伟大。

第二天上午，考察组一行人在东大殿前南侧配房举行座谈，八位建筑师各抒己见，从完全不同的角度畅谈自己作为职业建筑师对佛光寺以及中国古代建筑的认识，意犹未尽之余则希望在来年春天再叙。具体而言就是2018年3月18日在上海同济大学举行的第二次座谈会。本期《建筑学报》的八篇长短不一的文章就是在这两次座谈会的基础上发展起来的成果。

这样的活动，除了纪念营造学社的先辈发现佛光寺八十周年之外，对当代中国建筑的意义首先在于让更多中国实践建筑师加入到对自身建筑文化和历史的关注和重新审视之中，同时将自己的实践与之关联起来。其次，但也许更为重要，“宏大叙事”的历史观和民族主义的文化政治立场需要被超越，从而使当代中国建筑以一种批判的态度，更加坦诚地面对世界，也更加坦诚地面对我们自己。

从佛光寺东大殿内远眺

《建筑学报》“八十年后再看佛光寺”活动参与者合影

2

2017深港城市\建筑双城双年展“他者南方”参展作品点评[1]

1 本文是笔者参加冯路策展的2017深港城市\建筑双城双年展“他者南方”主题展的点评。按照冯路的策展构思，本点评主要针对三个建筑作品：冯纪忠的何陋轩、刘家琨的西村大院和大舍的青浦青少年活动中心。

在当代中国建筑中,“南方”能否构成一个有效的“他者”?这是一个有趣并且很有意义的话题。

在文化意义上而言,任何有活力的“他者”必定源自自觉植根于“他者”文化的个人,而这个“个人”在我们这里的语境中就是建筑师。在我看来,在现、当代中国建筑中,能够自觉扎根于“南方”的“他者”文化,并且有所成就的建筑师是冯纪忠、王澍、刘家琨。冯纪忠先生可能再恰当不过地体现了冯路老师在策展说明中所谓的“长居北方的中央权力”之外的作为“他者”的“南方”。

在建筑学语境中,这是相对于梁思成先生试图塑造的中国北方官式大木体系而言的,正是这种官式大木体系成为后来所谓“中国建筑固有式”的基础,而冯纪忠的何陋轩则可以被视为一种对历史文化宏大叙事的自觉抵制和“他者”构建。

当然,也有不少学者指出,仅仅将梁思成的建筑思想等同于官式大木体系失之偏颇,因为“中国营造学社”其实早已注意到官式大木体系之外的民居建筑文化,只是国难当头,唯以历史拯救民族,故先从官式大木体系开始,还没来得及系统整理民居文化。

这点我完全同意。但是,冯纪忠的南方文化底蕴和自我认同恐怕是梁思成不具备的。冯纪忠的“支离”美学,他对“形”“情”“理”“神”“意”的理解,以及他对个性的追求也是梁思成没有的。

另一个值得注意的现象是,何陋轩设计建造的20世纪80年代正是后现代主义在全球(包括中国)甚嚣尘上的时期,冯纪忠先生没有落入后现代历史主义的形式语言,这应该与他在欧洲接受的非主流现代建筑教育不无关系,而这种建筑教育与后来成为中国主流建筑师的梁思成等一代曾经经历的巴黎美院建筑教育体系是有很大区别的。

应该看到,冯纪忠的建筑也有一个发展的过程。何陋轩作为他建筑生涯的巅峰之作,确实不是他的早期建筑可以同日而语的。因此,将华南植物园水榭与何陋轩放在一起进行比较也许时间上过于错位,因为它们之间相差20年。这20年间,冯纪忠不仅大大超越了他自己的早期作品,而且也大大超越了他的中国同辈。

也许,水榭与冯纪忠1950年代设计的武汉东湖客舍更为接近,尽管它们的建筑形式不尽相同——水榭是平屋顶,而东湖客舍采用了坡屋顶。它们的共同之处是对“南方”的认识远没有达到何陋轩的深度,即使借鉴南方园林,也还停留在“步移景异”或者“曲径通幽”的层面。

刘家琨的情况同样无须讳言，他对“此时此地”的认同和自觉始终贯穿在他的建筑生涯之中。倒不是说他的所有建筑作品在这一点上都做得很成功，但是他对“此时此地”的认同和自觉是我想强调的。与冯纪忠和刘家琨不同，王澍从小在北方长大，但是他在南方时间久了，又有对“南方”的认同和自觉，故可以与冯、刘相提并论。

当然，王澍的建筑主张有它的问题，这里不做讨论。通过王澍的案例我们可以看到，并非从小在南方长大，或者说所谓土生土长的南方建筑师才能与作为“他者”的“南方”发生关联。事实上，凡是习惯于认同地方文化的建筑师都比较容易做到这一点。王澍是这样，华黎也是这样。因此，应该将华黎的德阳孝泉民族小学与何陋轩、刘家琨的西村大院归为一类，它们都是试图从南方的地方文化中生长出来的现代作品。

这也带来一个问题，像李兴钢这样的“北方”建筑师，当他需要设计具有“南方”文化关联的绩溪博物馆的时候，他会怎样做？

与“此时此刻”的地方性立场不同，有一种做法是对地方文化的理想化。从文艺复兴开始，理想化就趋于抽象，要么是形式的抽象，要么是观念的抽象，要么两者兼而有之。这种趋势被现代主义进一步强化，并且伴随着一系列我们今天熟知的形式语言：平屋顶、方盒子、白墙……

其中白墙特别值得一提，因为它似乎可以轻而易举地在现代抽象与“江南”意象之间建立某种联系。在我看来，如果有什么“南方”因素可言的话，水榭、绩溪博物馆、青浦青少年活动中心都处在形式的抽象和观念的抽象之间的某个位置。

在这方面，大舍的青浦青少年活动中心也许最为典型，它可以被视为对“南方”——或者用大舍自己的术语来说是“江南”——在形式和理念两个层面上高度的美学抽象。

它的成功与失败都在于此。

3

华黎的建筑与在抽象中保留“物”[1]

1　本文最初为华黎建筑设计事务所“迹｜TAO十年”而写，文中案例包括建成、未建成和正在建造中的，并发表于《城市·环境·设计》2019年第12期（总第122期），录入本文集时有修改。

华黎的建筑是现代建筑的继承和发展，这一点也许可以作为本文的基本出发点。然而何谓“现代建筑”？在这个问题上，建筑史学家和理论家们众说纷纭，莫衷一是。且不说冠以各种名称的现代建筑史学著作——从考夫曼（Emil Kaufmann）的《从勒杜到勒·柯布西耶：自主性建筑的起源与发展》（*Von Ledoux bis Le Corbusier*）到佩夫斯纳（Nikolaus Pevsner）的《现代运动的先驱》（*Pioneers of Modern Movement*），从吉迪恩（Sigfried Giedion）的《空间·时间·建筑》（*Space, Time and Architecture*）到班纳姆（Reyner Banham）的《第一机械时代的理论与设计》（*Theory and Design in the First Machine Age*），从柯林斯（Peter Collins）的《现代建筑设计思想的演变》（*Changing Ideals of Modern Architecture*）到柯林·罗（Colin Rowe）的《美好意愿的建筑》（*The Architecture of Good Intentions*），从弗兰姆普敦（Kenneth Frampton）的《建构文化研究》（*Studies in Tectonic Culture*）到霍金斯（Dean Hawkins）的《环境想象》（*The Environmental Imagination*），仅以“现代建筑”（Modern Architecture）为名论述现代建筑的学者就不在少数——希区柯克（Henry-Russel Hitchcock）、塔夫里（Manfredo Tafuri）、斯卡利（Vincent Scully）、弗兰姆普敦、贝纳沃诺（Leonardo Benevolo）、科洪（Alan Colquhoun）、莱文（Neil Levine）都曾在这个议题上一展身手，这还没有包括像奥托·瓦格纳（Otto Wagner）或者布鲁诺·陶特（Bruno Taut）这样的建筑师在20世纪初已经写就的以“现代建筑”为题的论著。这些论著涉及现代建筑的方方面面，社会的、政治的、文化的、技术的、美学的……这些大多超出本文的范围。如果有什么是这些著作已有涉及或者没有涉及但与本文密切相关的，那就是现代建筑的重要特点之一——抽象。

01 现代建筑与抽象

在此，我们无须深究“抽象”的哲学含义，也不必过多将“抽象”在现代绘画和雕塑中的历史演变作为佐证。对于现代建筑，“抽象”有自己的特定含义。首先，现代建筑将建筑体量的几何化作为自身抽象发展的途径。在考夫曼那里，这一过程至少可以追溯到18世纪的勒杜，

勒杜：有喷泉的建筑

辛克尔：柏林旧博物馆

之后经过辛克尔（Karl Friedrich Schinkel）等新古典主义建筑师的努力，最终发展为勒·柯布西耶的几何原型。或许，这种意义上的抽象就是弗兰姆普敦在他的《现代建筑的谱系》（*A Genealogy of Modern Architecture*）中所说的“古典主义对于我们的现代形式抽象倾向以及当代建筑实践的深远影响之一”（one of the long-term consequences of classicism remains our modern propensity for formal abstraction, which has left its mark on architectural practice up to the present）。[2]

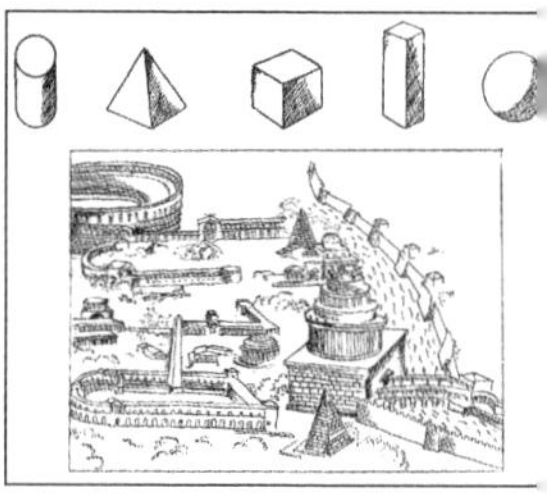

勒·柯布西耶：罗马建筑与几何原型

现代建筑抽象还有建筑学方面的第二层含义，即它是一个逐步摆脱英国建筑史学家萨默森（John Summerson）所谓“古典建筑语言”（classical language of architecture，又译“建筑的古典语言”）[3]的过程。考夫曼意识到从勒杜到柯布的几何化发展，却似乎忽视了柯布与勒杜以及辛克尔的区别：尽管在勒杜和辛克尔那里，建筑体量的几何化倾向已经十分明显，但是在希腊柱式基础上发展起来的“古典建筑语言”仍然在很大程度上得到保留；相比之下，柯布的建筑发展则是一个努力摆脱古典建筑语言的过程。如同大多数现代主义建筑师一样，柯布也曾经历过具有抽象体量的简化“古典建筑语言”时期。1916年在他的瑞士家乡拉绍德封（La Chaux-de-Fonds）建成的施瓦布别墅（Villa Schwob）就是一个比较经典的案例——它已经采用现代建筑的钢筋混凝土框架结构，而且柯布也曾在《走向一种建筑》（*Vers une architecture*，通常译为《走向新建筑》）中将该建筑作为比例的典范，最终却因为保留了“古典建筑语言”的元素而被柯布排除在自己的《作品全集》（*Œuvre complète*）之外。

勒·柯布西耶：拉绍德封的施瓦布别墅

这就涉及现代建筑抽象的第三个层面，也就是与所谓“再现”（representation）的关系。“抽象”通常被认为是“再现”的对立面，这在现代绘画和雕塑中最为明显，它不再试图再现古典美学认可的视觉世界，无论这一世界是自然的还是人类社会的，而是将它们抽象化，最终成为——美国艺术史学家柯克·瓦恩多（Kirk Varnedoe）称

2 Kenneth Frampton, *A Genealogy of Modern Architecture: Comparative Critical Analysis of Built Forms* (New York: Lars Müller Publishers, 2015), p.8.

3 参见 约翰·萨莫森：《建筑的古典语言》，张欣玮 译，中国美术学院出版社，1994。

之为——“什么也不描绘的图像”(pictures of nothing)。本文稍后还要回到瓦恩多的这一主张来阐述“物”的观念，现在需要指出的是，如同现代建筑的“抽象”有着不同于现代绘画和雕塑对抽象的特定含义一样，建筑中的“再现”也不能简单等同于绘画和雕塑的再现。从维特鲁威开始，石构的希腊神庙就被视为之前木构形式的模仿和再现，而之后的建筑则被要求再现基于希腊建筑的“古典建筑语言”。建筑学历史上所谓“建筑就是再现自身”其实就是这个意思。用18世纪英国人威廉·钱伯斯(William Chambers)的话来说，“古典之于建筑师就如自然之于画家或雕塑家”(the antique is to the architecture, what nature is to the painter or sculptor)。[4]确实，直到20世纪初，西方建筑学本质上都是一部再现“古典建筑语言”的历史。一定程度上，“古典建筑语言”的存在与否甚至成为“建筑”(architecture)与“建物”(building)之别的判断标准。这种观念也影响了中国近现代建筑学。所谓“中国建筑固有式”以及1950年代开始出现的“民居式”，其核心就是一种模仿和再现，而且是以一种材料(钢筋混凝土)模仿和再现以往另一种材料(木构)的建筑形式。进入21世纪，上海世博会中国馆则为这种模仿与再现提供了一个当代中国建筑中的著名案例，它用钢构模仿叠梁木构，又用整个建筑再现“东方之鼎”。实际的情况是，这个模仿木构的钢构不仅与该建筑真正的结构无关，而且是建筑结构的巨大负担。

现代建筑是人类建筑史上的一场伟大革命。这场革命首先是西方建筑的自我革命，其中之一就是对“古典建筑语言”的革命。尼尔·莱文的《现代建筑》曾经将“真实”(reality)与“再现”(representation)的关系视为从18世纪到密斯和康“连续发展”的主题——在这里，“再现”获得了有别于“模仿”的微妙但也相当晦涩的含义，因为它“本质上是一种戏剧化情形，其中的可识别理想形体和元素被感知为它们理应对应并且据信存在、但其实子虚乌有的形体和元素”(an essentially theatrical situation in which a virtual or ideal set of recongnizable figures or elements is perceived as standing for, that is to say, representing, an absent set of real ones to which they are meant and believed to correspond)。[5]然而不可否认，即使密斯和康的“再现”也

4 William Chambers, “A Treatise on the Decorative Part of Civil Architecture,” quoted from Neil Levine, *Modern Architecture: Representation and Reality* (New Haven and London: Yale University Press, 2009), p.10.

5 Neil Levine, *Modern Architecture*, p.5.

已经脱离萨默森意义上的“古典建筑语言”，在我看来，他们的“再现”与其说是与18世纪一脉相承，或者是违背结构原则的象征性再现，不如说是在抽象中保留“物”的某种举措。

02 现代建筑的抽象与“物”的去和留

美国学者阿琳娜·佩恩(Alina Payne)的研究认为，“建筑现代主义”(architectural modernism)经历一个从“从装饰到物品”(from ornament to object)的“谱系”(genealogies)发展——森佩尔(Gottfried Semper)、沃尔夫林(Heinrich Wölfflin)、里格尔(Alois Riegl)、施马索夫(August Schmarsow)、路斯(Adolf Loos)、勒·柯布西耶……。[6]一方面，这意味着现代建筑朝着放弃装饰的方向持续演进，尽管现代主义者在这个问题上的主张不尽相同，也常被人们误解，比如路斯那个最为著名且看似最为极端的“装饰与罪恶”之说，其真正含义绝非“装饰就是罪恶”，而是要“恰当”地装饰；相比之下，柯布受路斯影响而提出的“当代之装饰艺术就是没有装饰”的论断反倒更加激进。另一方面，它主张建筑要像物品一样实用、朴素、美观，“庸俗功能主义”(vulgar functionalism)之说由此兴起，直至遭到唾弃。与此同时，这一看似将建筑等同于物品的历史发展却被另一种“去物”过程所侵蚀，其结果要么曾被冠以“机械美学”(machine aesthetic)，要么被称为“国际风格”，而在马克·维格利(Mark Wigley)那里则是“设计者的白色时装”(white walls, designer dresses)。[7]据信，白色可以让现代建筑呈现为纯净体量和空间，并最终成为一种“去物质化”(dematerialization)的存在。这种趋势甚至影响到结构工程师。爱德华多·特罗哈(Eduardo Torroja)于1930年代完成的西班牙马德里萨苏艾拉竞技场(Hipódromo de la Zarzuela)被全部刷白，包括最具结构性的看台顶棚。不过特罗哈的看台仍然有别于建筑师的“白色时装”，因为看台顶棚开创性的薄壳结构清晰可见，当

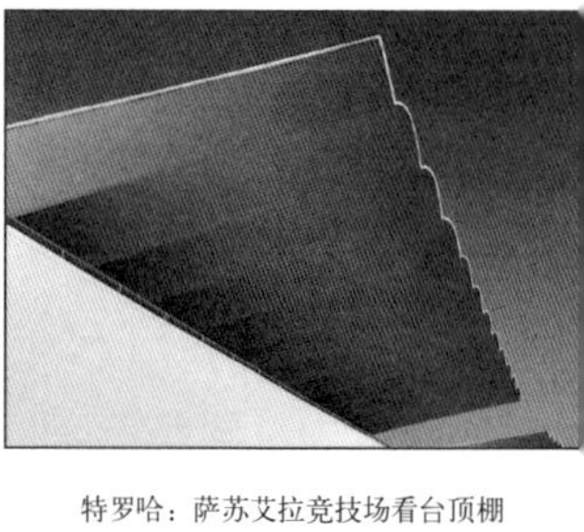

特罗哈：萨苏艾拉竞技场看台顶棚

6 Alina Payne, *From Ornament to Object: Genealogies of Architectural Modernism* (New Haven and London: Yale University Press, 2012).

7 Mark Wigley, *White Walls, Designer Dresses: The Fashioning of Modern Architecture* (Cambridge, Massachusetts and London, England: The MIT Press, 2001).

然还有混凝土模板的凹凸痕迹——在这样的意义上，尽管它因为白色而更加抽象，却不是完全“去物”的。与之不同，早期先锋派建筑师不仅把“白色”作为现代建筑抽象的一种手段，而且也通过抽象的体量和隐藏的结构关系以及大面积玻璃的使用强化这一目的。这既是早期现代建筑先锋作品与结构工程师作品的不同，也是其与同样为白色的地中海民居的差异所在。

与此同时，即使盛行“白色时装”的早期现代建筑仍然不乏保留“物”的种种努力，比如柯布的土耳其地毯、时有出现的毛石墙面和托内特椅，密斯的大理石和波斯地毯，更不要说大理石和木材在路斯建筑中的大量使用。在阿尔托那里，微妙的木材触感和传统砖墙的物质性成为“人情化”表达的一种体现。他于1950年代完成的夏季别墅在砖墙上直接刷白，不仅有别于内院没有刷白的砖墙，而且让砖墙肌理成为改变现代建筑“白色时装”去物质化属性的一种可能。这些举措在现代建筑史学中似乎微不足道，在我看来却是现代主义建筑师试图将与“去物质化”的白色抽象背道而驰的“物”保留在现代建筑抽象空间和形式之中的努力。当然，这里所谓的“物”已经不只是物品或者器物，甚至不是柯布后来热衷于收集的海螺、贝壳、卵石等他称之为可以“唤起诗意回响的物体”(objets à réaction poétique)，而是一种建筑的材料性(materiality)，或者说材料的“物感”表达。在阿尔托的夏季自宅，这里的“物”无疑还与场地的“物性”有关。简言之，场地就是“物”。

阿尔托：夏季别墅外侧的刷白砖墙及场地关系

鉴于现代建筑的工业化趋势，这些与白色抽象“背道而驰”的“物”往往更钟情于传统的天然材料。因此，尽管柯布的托内特椅、密斯和路斯的大理石、阿尔托的木材本质上已经是工业化或者至少是经过工业加工的产品，但是与密斯建筑中的大面积玻璃和十字柱的不锈钢表面等“去物质化”的材料相比，它们还是拥有更多在抽象中保留“物”的含义。这不仅涉及传统意义上的建筑物质(在这里也可以理解为一种材料性)，而且在大多数情况下也只有对这种意义上的建筑物质性表达感兴趣的建筑师才会关注这类问题。相比之下，对建筑的概念性再现(conceptual representation)的兴趣大于物质性的建筑师，比如20世纪下半叶建筑风云人物之一艾森曼，情况就另当别论。艾森曼曾经将建筑的“概念性再现”视为在“非古典”(not-classical)

意义上“再现自身，再现其自我价值和内在体验”(a representation of itself, of its own values and internal experience)，[8]因而也是有别于“古典建筑语言”意义上的“建筑就是再现自身”。艾森曼对“概念建筑”(conceptual architecture)的热衷似乎再一次证明，“去物”确是20世纪建筑学中一个若隐若现或者一再出现的主题。

艾森曼：卡纸板住宅2号

03 在抽象中保留“物”——从“客观性”到“即物性”

在更理论化的层面，现代建筑曾有一个与本文主题十分相关的概念，它在现代建筑之初被德语国家的先驱者们称为Sachlichkeit。从构词法上看，Sachlichkeit与Sache(物)有关，而相应的形容词sachlich则延伸出超越主观表现之外的客观性含义。这十分符合现代建筑之初摆脱个人情感以满足工业生产标准化(Typisierung)需求的时代诉求。现代建筑史中以提出Sachlichkeit著称的德国人赫尔曼·穆特休斯(Hermann Muthesius)就曾在这样的语境中使用这一术语。这为后来英译的objectivity以及相应的中文翻译“客观性”提供了某种依据，但也将Sachlichkeit固有的“物”的内涵大大弱化甚至完全忽略。

然而日本人对Sachlichlkeit另有一番理解，并最终用汉字的“即物性”锁定这一理解。受此影响，当代中国建筑学出现了一波“即物”思考和主张。[9]需要指出的是，从“客观性”到“即物性”，中文语境对Sachlichkeit的理解不可避免地发生变化。在笔者看来，“客观性”是一个相对于“主观性”的范畴，而“即物性”则需要与“抽象性”相关联才能得到恰当理解。换言之，只有把“即物性”理解为在抽象中保留的“物”才能够摆脱客观与主观的误区，才能真正理解Sachlichkeit在当下的意义，而不是大多数现代建筑史学著作关注的其在现代建筑发展中的历史意义。

这是一个理解明显不同于将“抽象”作为“再现”或者说“具象”之对立面的观点。现代建筑的抽象性曾经遭到后现代主义的诟病和

8 Peter Eisenman, “The End of the Classical: The End of the Beginning, the End of the End”, in *Eisenman Inside Out: Selected Writings 1963—1988* (New Haven and London: Yale University Press, 2004), p.160.

9 柳亦春、陈屹峰：《即物即境》，《城市·环境·设计》2016年第12期(总第122期)，第27页。

反对，后者的策略是重回历史风格和“古典建筑语言”。用挪威建筑理论家克里斯蒂安·诺伯格-舒尔茨（Christian Norberg-Schulz）的话来说，现代建筑过于抽象，甚至没有建筑上部和下部的区分，因此需要后现代主义的“具象建筑”（figurative architecture）来予以拯救。[10]历史风格和“古典建筑语言”的“建筑后现代主义”一度轰轰烈烈，最终却似乎昙花一现。倒是另一种有过之而无不及的“具象再现”正席卷当代建筑界，它将整个建筑变成一种比拟的形象再现，鸟巢、铜钱、山水，甚至酒瓶、龟鳖……对于当代中国建筑，这种象形的理解甚至已经成为唯一能够被公众理解和接受的文化或者地方主题。就此而言，如果我们可以用当代法国思想家让·鲍德里亚（Jean Baudrillard）描述后现代状况的“拟象”（simulacrum）来看待这一变化的话，那么我们也完全有理由认为，“建筑后现代主义”不仅没有真正离我们远去，反而是愈演愈烈。

格雷夫斯：“走向具象建筑”

当代中国具象建筑之茶壶建筑

另一方面，在最终走向为后现代主义背书之前，早期诺伯格-舒尔茨曾经创造性地对胡塞尔的“生活世界”（Lebenswelt）和“面向物本身”（Zu den Sachen selbst）以及海德格尔的“物”（das Ding）和“物性”（Bedingung）等观念进行诠释和运用。在这些诠释和运用之中，诺伯格-舒尔茨反复强调的是“具体性”（concreteness），而不是胡塞尔批评的主客观对立和分离。在胡塞尔那里，现代科学“危机”的根源在于17世纪的实证主义。作为反制，胡塞尔提出他的“超验现象学”（die transzendentale Phänomenologie），之后梅洛-庞蒂（Maurice Merleau-Ponty）则以“知觉现象学”（phénoménologie de la perception）相呼应，并将批判的矛头直指笛卡尔主义的思想——身体对立的二元论。

将“物”完全对象化并非西方现代科学特有。汪晖曾经指出，宋代理学所谓的“格物致知”就包含着相似的思想逻辑。[11]但是对于本

10 Christian Norberg-Schulz, “On the Way to Figurative Architecture”, in *International Laboratory of Architecture and Urban Design*, Year Book (1984/85), pp.92-95.

11 汪晖：《无处不在的抽象》，载《现代性与抽象》，高名潞、赵璕 主编，生活·读书·新知三联书店，2009，第172页。

文而言，真正的问题仍在于，即便克服了主客观的对立和分离，建筑最终还是需要归结到物质化，这是建筑/建筑学的基本特点。就此而言，诺伯格-舒尔茨的"建筑现象学"强调建筑和场所的"具体性"无疑十分精辟。后期诺伯格-舒尔茨的谬误在于将"具体"与"再现"和"具象"混为一谈，因为"具体"并不必然导致"再现"和"具象"，摆脱了"再现"和"具象"的"具体"才是我们今天还需要思考"即物性"的关键。

在此，让我们再次回到柯克·瓦恩多谓之"什么也不描绘的图像"的现代抽象艺术。在瓦恩多那里，最有助于我们理解"即物性"概念的现代抽象艺术来自唐纳德·贾德（Donald Judd）、迈克尔·海泽（Michael Heizer）和理查德·塞拉（Richard Serra）等人的作品。[12] 这些作品既不再现，也不具象，却在抽象中保留了具体的"物"，也就是以某种方式强化的作品的物质性本身。这些艺术也被称为"极少主义"（minimalism）和"后极少主义"（after minimalism）。按照我的理解，所谓"极少"恰恰在于它们是"即物"的，也就是除了作品本身的"物性"之外"什么也不描绘"。因此，尽管瓦恩多也认为，"波普艺术"已经瓦解了"抽象"与"再现"的绝对分野，但是今天回过头来看，上述这类抽象艺术对于我们理解"即物性"仍然具有不可替代的价值。

贾德：《15个无名混凝土作品》

04 建筑"即物性"之我见

对于建筑学而言，"即物性"至少可以从三个层面进行理解：材料性、结构性、在地性。材料性在建筑中的重要地位无须多说，一切建筑都是某种物化，而物化则不可避免与材料使用相关。诚然，正如前文已说，"去物质化"倾向自现代主义以降一直在建筑中存在，从早期现代建筑的"白色时装"到艾森曼的"自我指涉的符号"（the self-referential sign）再到当代日本建筑中的"轻"。但是，如果要在抽象中保留"物"，就不可避免需要对建筑的材料性予以某种关注和表达。

所谓材料性既包括材料的表面属性，也体现在它的结构属

12　Kirk Varnedoe, *Picture of Nothing: Abstract Art Since Pollock* (Princeton and Oxford: Princeton University Press, 2006).

性。前者常常取决于材料的加工和使用方式。彼得·卒姆托（Peter Zumthor）曾以石头为例："取一块石头：你可以对之进行切割、斧剁、打磨、抛光，每次它都会变成不同的物（thing）。同一种石头由于厚薄不一则又不同。"[13]当然，过多的"表面属性"往往容易使人陷入材料的装饰性使用，要克服这一点，关注材料的"结构性"无疑是一剂有效的解药。我们甚至可以说，越是结构性的材料表达越有可能成为建筑性的。或许，这就是柯布从早期"机械美学"的白色建筑中使用土耳其地毯、毛石墙面和托内特椅向晚期的粗野混凝土（béton brut）转变的原因。

强调材料的结构性在建筑"即物性"中的意义，这也许会令人想起现代建筑史上的"真实性"之争，不过在我看来，处在今天这个"表面建筑"（surface architecture）的时代，与其因为"结构性"陷入"真实性"教条的道德泥潭，不如从"即物性"角度看待这个问题，思考在每一个具体的建筑中能够或者需要在多大程度上表达材料的表面属性和结构属性，以及这种表达给建筑的空间和形式带来的影响和后果。

另一方面，相较于新古典主义和现代主义青睐的以体和面为主的抽象，结构表达常常因为其线性特点而成为打破建筑空间和体量抽象性的形式元素。相反的案例是，为获得建筑的抽象性，柯布将多米诺体系从梁柱体系转化为隐藏肋梁的板柱体系。出于同样的理由，密斯必须在他的大多数建筑中使用隐藏结构的平坦吊顶。然而同样是抽象的平坦顶部，篠原一男"白之家"中的木柱似乎还为材料和结构赋予了与密斯不锈钢包裹的十字柱完全不同的"物性"含义。在这里，篠原一男通过现代主义的抽象（平坦的吊顶）遮蔽结构，同时将结构的中心柱处理成平面空间中的偏心柱。这不仅成功化解了类似结构在日本建筑中的固有意义，而且使其成为一个超越密斯通过不锈钢包裹表面"去物质化"的十字柱、能够在抽象空间中让人的注意力集中于材料表面属性的纯粹之"物"。

篠原一男：白之家

这样说并不妨碍"白之家"作为一个整体成功营造出一个不无日本文化意义的日常生活空间这一事实。这是"物"——在这里指那根

13 Peter Zumthor, *Atmospheres: Architectural Envrionments · Surrounding Objects* (Basel, Boston, Berlin: Birkhäuser, 2006), p.25.

独立的木柱——的文化力量，或许也是李禹焕的“物派”在“极少主义”艺术的基础上试图揭示的。“物派”的宗旨“相遇”正是具有文化属性的人与“物”的相遇，它旨在说明“物”及其“物性”最终只有在更广泛的文化背景中才能被理解。

李禹焕：“物派”上海展

危险在于，一旦说到建筑的文化意义，人们很容易滑向文化象征主义。就此而言，重新回到“物”就是谨防和抵抗日益泛滥的文化象征主义，无论后者看起来是具象的还是抽象的，崇高的还是廉价的。也正因此，我完全不赞成“即物=物+意义”的观点[14]——恰恰相反，在我看来，“即物”的诉求就是剥离意义，尽管我们必须承认，完全剥离意义在任何情况下都是不可能的。

在这个问题上，本文的立场与美国艺术评论家迈克尔·弗雷德(Michael Fried)的观点有几分相似。弗雷德将极少主义艺术(Minimal Art)称为“字面意义上的艺术”(literalist art，有中文学者将其译为“实在主义艺术”，似乎并不十分准确)，认为它不是趣味史(the history of taste)上的一个插曲，而是属于感性的历史——而且几乎是感性的自然史(the natural history of sensibility)的一部分，其严肃性(seriousness)是相对于现代主义绘画和雕塑才能获得的。在弗雷德看来，如果说现代主义绘画以击溃或是悬搁自身的物性为己任的话，那么极少主义所代表的“字面意义上的艺术”则无意寻求这样的击溃或者悬搁，相反，它要发现并突显自身的物性。[15]对于这一点，笔者深以为然。

另一方面，鉴于这里所谓的“物性”在弗雷德那里是作为objecthood理解的，这不免使我们再次回到与主观相对的客体的“物”，而不是与抽象相对的“即物性”的“物”。这意味着本文与弗雷德的观点也不无分歧。准确地说，本文的“物性”其实不是弗雷德的objecthood，而是thingness。它需要通过“即物性”的三个不同层次——“材料性”“结构性”“在地性”——进行理解和确定。

三点之中，与可以没有固定展示场地的极少主义与“物派”作品不同，在地性对于建筑可谓意义非凡。在建筑学中，这不仅意味着需

14 青锋：《墙后絮语：关于台州当代美术馆的讨论》，《时代建筑》2019年第5期(总第169期)，第88页。

15 Michael Fried, “Art and Objecthood.”中文译本见迈克尔·弗雷德：《艺术与物性—论文与评论集》，张晓剑、沈语冰译，江苏美术出版社，2013，第159页。

要在材料和结构的普遍性和地方性之间作出判断，体现材料和结构的社会和文化意义，而且在地性在成为抵抗文化象征主义以及意义的诱惑的一种策略的同时，也是将建筑抽象与更大范围的具体之“物”——或者说具体场地环境的物质性氛围——联系起来的有效途径。也许，这就是篠原一男的“谷川之家”与“白之家”的区别，大概也是柳亦春认为“白之家”只是一个转折，“谷川之家”才是篠原一男“即物主义”之“典范”的原因。[16]对于本文来说，“谷川之家”与“白之家”的差异是双重的：一方面，正是通过柱子上部的斜撑和坡屋顶形式（尽管坡屋顶内侧被赋予平坦和抽象的吊顶），“谷川之家”更为显著地呈现出作为结构之“物”的柱，而不是“白之家”那根令人更倾向于关注其表面属性以及由此产生的文化属性的木柱；另一方面，通过场地的介入和表达，篠原一男打破了“白之家”的极度内向性，使“谷川之家”成为一个更具在地性的建筑。

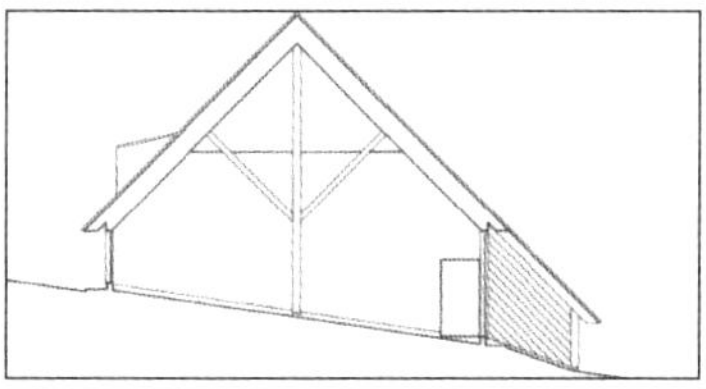

篠原一男：古川之家的结构与场地

“白之家”和“谷川之家”是篠原一男的建成作品在抽象中保留“物”的两个最佳案例。在这两个建筑中，篠原一男展现了他继承和超越现代主义之时极为克制冷峻的特点。他的建筑因而也常给人“抽象性”大于“物质性”的印象。相比之下，斯里兰卡建筑师巴瓦（Geoffrey Bawa）则属于另一种极端案例。从早期的“主教学院”（Bishop's College）代表的“热带现代主义”（tropical modernism）到开启具有巴瓦自己特点的建筑之路，他在自己的设计中赋予从器物、家具、植物、石块的“物”到材料、结构、场地的“物”如此慷慨的分量和地位，以至于人们很容易忽视巴瓦建筑的抽象性。然而在我看来，巴瓦建筑的内核仍然是现代建筑的抽象传统——至少，他从未试图重蹈历史主义的“再现”之覆辙。毋宁说，巴瓦的建筑是将“物”充盈在抽象之中的结果。

巴瓦：位于科伦坡的自宅

以上三点似乎忽略了光在建筑中的地位。且不说柯布那句“建筑是阳光下准确无误的体量游戏”的名言，细细品味一下卒姆托为上述那段以石头为例说明“材料的无尽可能”（material is endless）的论述所做的补

16　柳亦春、陈屹峰：《即物即境》，第27页。

充："一旦置于光亮之下它又不尽相同"，或者当代英国学者理查德·韦斯顿（Richard Weston）在哥特教堂中观察到的："阳光……就像一种有色的'材料'，而不仅仅是为结构和形式照明的工具"，[17]我们便不难领悟到光——自然之光——作为建筑抽象中保留和呈现"物"的重要条件，甚至在某些情况下，如同场地可以成为"物"，光本身也就是"物"。

这还没有说到自然光的在地性，即自然光在不同地区的特点和品质，以及光在建筑中的其他作用。以海口寰岛实验学校初中部和德阳青衣江路小学为例，前者在总体抽象的白色空间和形式之中，利用中心庭院东侧的尽端创造出一个具有鲜明色彩和奇妙光线的空间，后者则试图将光进入室内的不同方式与对从一年级到五年级学习方式的差异和特点的理解联系在一起。

05 华黎的建筑与在抽象中保留"物"

海口寰岛实验学校初中部和德阳青衣江路小学将本文带回华黎的建筑。不用说，如同一切优秀建筑，华黎作品的内涵绝非一两点能够概括。但是本文的目的既不是对华黎的作品做案例分析，也无意对这些作品进行全面评述。在这篇短文中，笔者更希望提供一个观察和理解华黎建筑的特别视角和语境，然后由读者在这个视角和语境下作出自己的品鉴和鉴别。

首先需要指出的是，本文关注的是华黎建筑的抽象形式与材料性、结构性和在地性构成的"物"之间的关系，这有别于柳亦春为《建筑师》杂志2012"天作奖"国际大学生建筑设计竞赛出题时所说的"从具体到抽象、从抽象到具体"——按照我的理解，柳文旨在讨论的是设计过程的抽象化与建造过程的具体化的关系问题，它的"具体"是相对于设计概念的"抽象"而言的。在我看来，这样的过程适用于任何一种建筑，它揭示的是建筑设计从概念到建造的一般过程和规律，并不必然涉及本文在抽象中保留"物"的主题。

这一点明确之后，我们大致可以将华黎作品分为两类，一类是旧建筑改造，另一类是完全新建。看起来，对于在抽象中保留"物"而言，这两类建筑倾向于不同的介入和操作方式。旧建筑改造更多通过新

17　理查德·韦斯顿：《材料、形式和建筑》，范肃宁、陈佳良 译，中国水利水电出版社 知识产权出版社，2005，第45页。

旧建筑之间的关系来实现在抽象中保留“物”——或者更准确地说，是通过新建筑的抽象性更好地衬托和呈现既有建筑的“物”。在北京Lens空间，原有建筑富有肌理的砖墙和钢结构屋架及其屋面下方的木质面层得到充分保留，而建筑师在建筑内部置入的极具抽象性的黑色书架和外立面上的近乎极少主义的大玻璃窗则可被视为对原本已经十分充足的“物”的反衬与呈现。类似的案例还有位于福建省漳州市南靖县书洋镇塔下村的青普品牌酒店土楼店，其中新建部分均被处理成抽象的简单体量和平滑表面，色彩则以黑、白、灰为主，形成与原有建筑的物质性反差，并通过这一反差达到对既有“物”的衬托和呈现。

北京Lens空间外观

与这种新建筑的“抽象”与旧建筑的“物”的关系不同，新建为主的作品则更多依赖自身的材料性表达以及与场地的关系实现完成抽象及保留与“物”的关系。有趣的是，正是由于材料性的不同，这些作品的抽象程度也随之产生差异，从而在抽象性中保留“物”的过程中呈现错综复杂的互补和转化关系。比如，万科崇礼美丽乡村图书馆的木构形式减少了空间和形式体量的整体抽象性；与此同时，正是通过室内毛石墙的引入，木构的抽象性得到某种强化。相对而言，北京林建筑的结构形式并非传统木构之故有，平面和空间形式也呈现出比崇礼乡村图书馆更为强烈的几何抽象性，也使该建筑成为华黎建筑自高黎贡纸博物馆开始的木构作品中最为现代的案例。然而即便如此，木材的使用还是使整个建筑缺少山东荣成鸡鸣岛山顶咖啡厅、天鹅湖湿地公园景观廊、宁夏贺兰山嘉地酒庄等项目的极度抽象性，而在这个木构作品中出现的为数不多的夯土墙似乎也转化成为一种抽象性更甚于物质性的建筑存在。

在地性方面，万科崇礼美丽乡村图书馆和北京林建筑都在一定程度上将周围环境的各种元素——树、田园、山石……转化为与建筑相关的“物”。这一点也出现在处于都市环境中的北京三里屯将将甜品店：这是一个极具现代主义中性特点的框架式建筑，从里到外的刷白更使它趋于抽象；然而场地中的两棵加拿大杨树却被保留和充分使用，成为在抽象中保留“物”、能够给建筑内部空间和屋顶平台使用带来积极意义的绝佳案例。在山东威海岩景茶室，底部的毛石墙体与地形地景融为一体，也使上部原本已经十分抽象的耐候钢板盒体以及那个拖在外面的坡道更显抽象和漂浮。更为强烈的建筑与景观对比关系出现在荣成鸡鸣岛山顶咖啡厅、天鹅湖湿地公园景观廊、宁夏贺兰山嘉地酒庄等更具抽象实体的项目中。这似乎进一步说明，越是具有抽象形式的建筑，越是能够或者需要将在地性中的景观元素作为一种“物”予以保留和呈现。

上述这一点也适用于太原千渡东山晴长江项目小学这类并不处在“优美”自然环境中的建筑——在这里，建筑的抽象盒体不仅在悬浮中得到强化，而且反过来又让以高台的形式存在的基地作为该项目一个不可多得的在地资源得到呈现。当然，作为一个相对大型的公共建筑，建筑结构在千渡东山晴长江项目小学中的作用（类似的案例还有香港中文大学深圳校区二期工程项目）无疑更大，而且与荣成鸡鸣岛山顶咖啡厅纯粹的体量悬浮相比，建筑悬浮在这个案例中对有限场地中空间使用的促进作用无疑更大（这样的作用同样出现在海口寰岛实验学校初中部项目中）。同样，云南保山新寨咖啡庄园自下而上的十字拱结构、扇形拱结构以及混凝土框架结构不仅为该建筑赋予一种竖向重力构成的在地性，而且也巧妙地与建筑的“内容计划”（program）融合在一起。与此同时，三层客房和地面层回廊采用的清水混凝土形式则可被视为对传统砖拱的一种平衡，从而为整个建筑赋予更为强烈的抽象性和现代性。

抛开上述涉及功能使用和“内容计划”的问题不论，我们这里面对的其实是华黎建筑在抽象形式与“物”的保留之间的张力和互动。换言之，作为建筑的不同方面，材料性、结构性、在地性常常在华黎的建筑中作为在抽象中保留“物”的弥补，二者呈现为一种奇特的此消彼长的态势。以四川孝泉民族小学、武夷山竹筏厂、山东荣成天鹅湖湿地公园景观廊为例：三者之中荣成天鹅湖湿地公园景观廊的形式和空间最为抽象，而这种抽象性正来自作为结构材料的混凝土本身；与此同时，混凝土材料的表面肌理则可被视为一种“物”的弥补，更不要说那个圆柱形的双鸟塔在极具抽象性的同时，展现着从内部木构（结构性的）到外部木瓦片（非结构性的）为载体的“物”。

后面一种策略也出现在四川孝泉民族小学和武夷山竹筏厂，它们在混凝土肌理略显不足的情况下，通过砖墙、木头和干竹等非结构性材料注入更多由材料的表面属性构成的“物”。另一方面，尽管非结构性的"物"时常在华黎的建筑中发挥着这样与那样的作用，作为一个具有现代主义情怀的建筑师，华黎却很少在作品中将材料的非结构性属性当作在抽象中保留"物"的主要解决方案。他属于那种对结构性材料中的"物"情有独钟的建筑师。

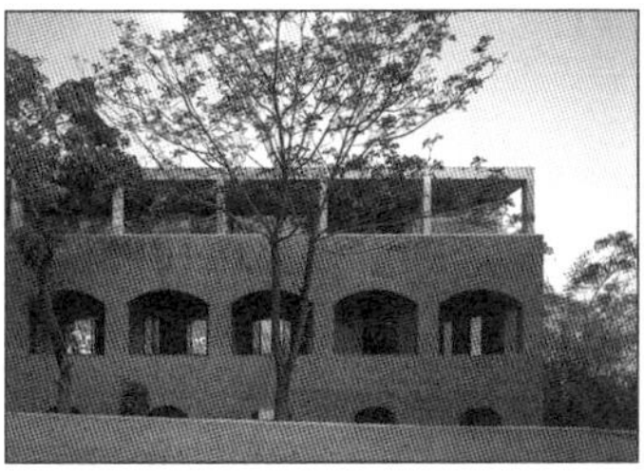

新寨咖啡庄园

在这方面，正如笔者曾经的案例分析专题文章指出的，[18]新寨咖啡庄园对砖头作为结构性材料而不是贴面材料（尽管作为贴面的砖饰在当今这个时代无可厚非）的执着就是最好的说明。

在材料性、结构性、在地性的互动和此消彼长方面，更多案例可以列举：在常梦关爱中心小食堂，刷白的三角形钢屋架一定程度上消解了自身的物质性，但其结构性又强化了"物"的特征。嘉地酒庄的石头通过刷白获得某种抽象性，然而如同阿尔托的建筑白色下面的砖墙肌理，石块本身的呈现又不失为在抽象中保留"物"的某种弥补，而来自场地地下的石头本身则可被视为一种在地性的体现……不过对于本文而言，类似的赘述也肯定没有必要。更值得特别一提的是呈现华黎建筑极端状况的两个作品。一个是位于安徽黟县的碧山"墙"博物馆，另一个是福建屏南先锋厦地水田书店。前者可以作为华黎建筑在极度的空间和形式抽象性之中通过材料本身的"物性"保留"物"的代表——或者反过来说，由于该建筑的主要材料夯筑混凝土本身已经是极具质感的"物"，建筑的空间和形式则反而趋向一种极度的抽象性；后者则是在新旧的多重并置中达到一种巴瓦式"物"的充盈的典型，它将原有夯土墙的形式与新建的混凝土墙体以及钢结构屋面的构架并置，直至在"物"的充盈之中化解建筑的整体抽象性。

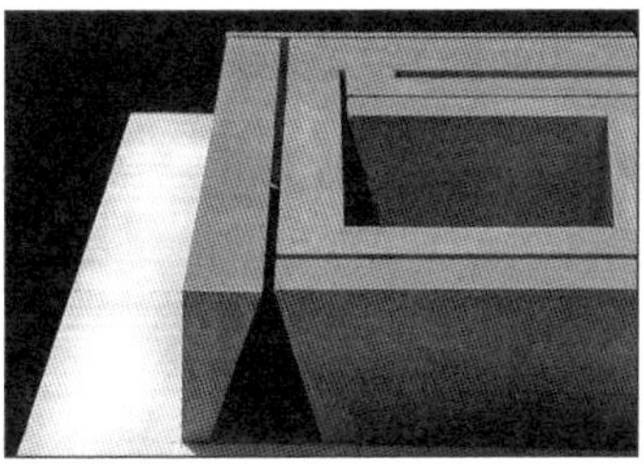

墙博物馆手工模型

先锋厦地水田书店

这样的两极俨然是对森佩尔曾经归纳总结的两种基本的建造模式的世纪回响：一种是具有空间围合性，但由同质单元在压力作用下

18　王骏阳：《华黎的在地建筑——一种对建筑学基本问题的回应》，《建筑学报》2018年第10期（总第601期），第60-65页。

堆叠而成的砌筑体系（sterotomics of compressive mass），另一种是以不同长度的杆件组合形成空间围合的构架体系（tectonics of the frame）。[19]作为19世纪仅次于辛克尔的"第二伟大"的德国建筑师，[20]森佩尔的建筑展现的历史主义之路相对于他自己的这个理论认知鲜有探索性的实践，因而对现代建筑贡献甚少；而在今天的21世纪，华黎的建筑却常常自觉或不自觉地游走在这两种基本模式之间，践行着前文所及在阿琳娜·佩恩的"建筑现代主义谱系"中占有重要的一席之地的森佩尔思想遗产。相对于这两种基本的建造模式，华黎的建筑或趋向纯粹，或呈现杂糅——其中也不无表皮的介入，然而无论哪一种情况，在抽象中保留"物"都可以成为我们对继承和发展了现代建筑传统的华黎建筑进行理解和认识的一条线索。

确实，沿着这条线索观看迹·建筑事务所（TAO）十年来的代表性作品，我们不难发现它们在材料的丰富性、结构的恰当性以及在地的敏感性三个方面所展现的敏锐眼光以及不同凡响的专业判断和技能。华黎的建筑超越了现代主义的"去物质化"抽象，但又拒绝与后现代主义为伍，更与当代商业和大众文化驱使下甚嚣尘上的象形式再现（尽管这些再现常常需要不同程度的抽象）背道而驰。华黎的建筑是"即物性"的建筑，它致力于在抽象中保留"物"，如果我们无须再强调它同时也成功（或者理应成功）应对了从使用功能到空间形式的建筑学基本问题的话。

勒·柯布西耶：《今日的装饰艺术》与烟斗

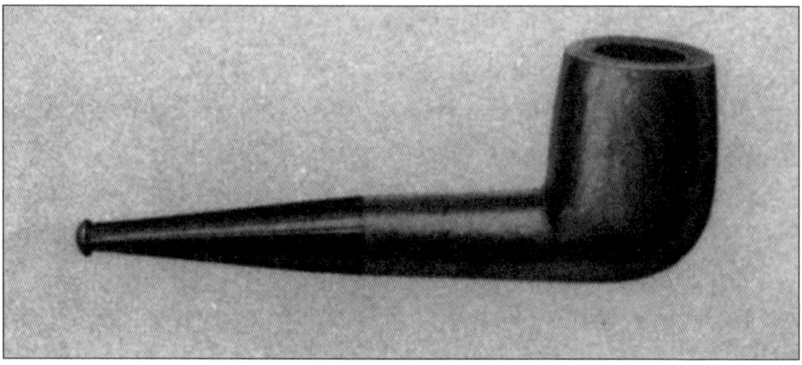

19 Kenneth Frampton, "Rappel à l'ordre, the Case for the Tectonic," in *Theorizing a New Agenda for Architecture: An Anthology of Architectural Theory 1965—1995* (New York: Princeton Architectural Press, 1996), p.521.

20 Harry Francis Mallgrave, *Gottfried Semper, Architect of the Nineteenth Century* (New Haven and London: Yale University Press, 1996), p.3.

4

“非常建筑”巴黎大学城“中国之家”点评[1]

1 最初发表于《世界建筑》2017年第10期(总第328期),期刊编辑部要求点评长度限1000字左右,录入本文集时有修改。

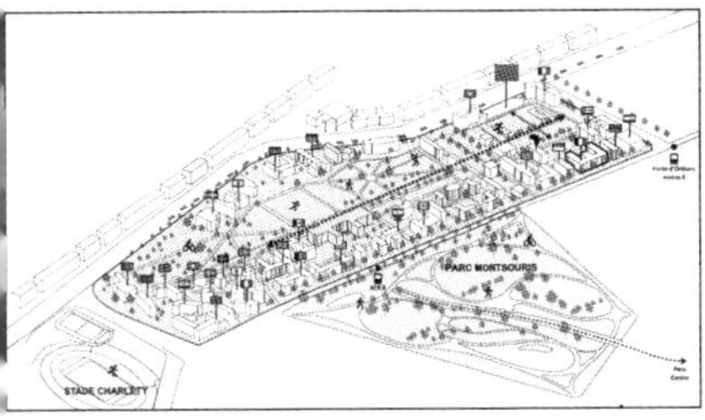

巴黎大学城轴测总图

巴黎大学城素有小型“国联”之称，因为这里有四十多个国家的留学生公寓，其中最为著名的无疑是勒·柯布西耶于1930—1932年间完成的瑞士学生公寓（Pavillon Suisse）。当时的柯布正致力于现代建筑的探索，“新建筑五点”、“光明城市”（Ville Radieuse，又译“光辉城市”）、“中空玻璃幕墙”（le mur neutralisant），这一切都反映在瑞士学生公寓的设计中。可以说，无论从技术还是美学角度，该建筑都充满创新精神，也是巴黎大学城第一个具有现代主义特征的建筑。

勒·柯布西耶：巴黎大学城瑞士学生公寓

然而，柯布城市和建筑思想的诸多问题也出现在这个建筑之中。首先，“光明城市”能否构成一个好的城市模式？从张永和近年来在城市问题上的发声来看，这是一个值得质疑和反思的模式。不奇怪的是，在“中国之家”项目中，底层架空和独立式建筑单体的“光明城市”模式被传统的围合模式所取代，无论其原型来自中国的客家大院还是巴黎的奥斯曼城市街区（即使底层部分架空仍然在外围保持基本围合）。与此同时，一个巨大的豁口在面向大操场的立面上形成，由此带来与传统原型相异的围合方式。内院中的公共楼梯被巧妙地安排在这个豁口位置，既为整个建筑赋予某种纪念性和公共性的入口，又可形成独特的建筑亮点。

柯布最初为瑞士学生公寓设计了一个玻璃砖加可开启透明玻璃窗的南立面，之后改为玻璃幕墙。如同差不多同时建成的巴黎救世军总部大楼一样，柯布设想的在两层玻璃之间加入冷空气或热空气的“中空玻璃幕墙”的技术问题在当时并没有得到很好解决，这导致房间实际使用时冬冷夏热，这种不适直到1950年代的幕墙改造和遮阳

“中国之家”模型和平面图

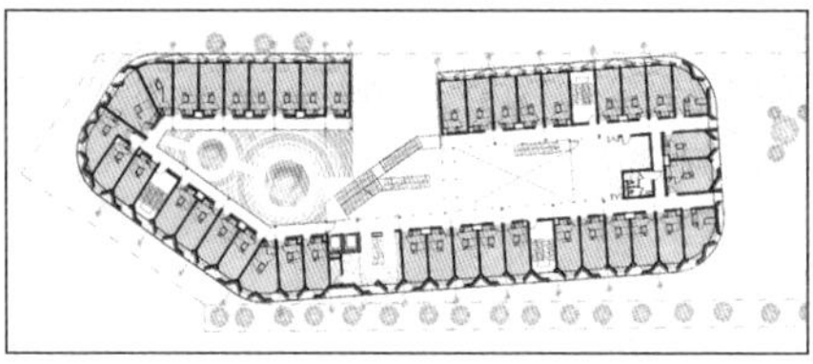

处理后情况才有好转。与此不同，“中国之家”为每个房间赋予阳台或凸窗的立面厚度，并以此形成角度各异且足以带来立面变化的砖砌花格墙体。在夏季空调使用不甚普及的巴黎，这无疑有助于改善室内环境，也对遮挡南侧公路的交通噪音起到一定作用，尽管这种“双层表皮”在当代建筑中已比比皆是。

屋顶花园是柯布“新建筑五点”的重要元素，但在瑞士留学生公寓中只得到十分有限的运用。相比之下，“中国之家”不仅在内院屋顶形成花园，而且将它作为整个建筑的重要元素予以表现。柯布为屋顶花园提出的理由之一是它有助于改善平屋顶的保温隔热，这在当今不算什么了不起的理由，在“中国之家”肯定也可以接受。只是顶层屋顶花园如何使用可能会是一个不确定的问题。“非常建筑”的解决方案是在屋顶形成环形光伏跑道。但是面对已经存在的地面大操场和大学城良好的室外步行系统，人们不免还是会对这个跑道的必要性产生怀疑。而且，如果不仅作为一个柯布式的“建筑漫步”元素，而要真正具有运动和健身作用（一种现代主义理想）的话，那么这个跑道似乎又过于平坦。或许，在这里举办露天派对更为合适。

作为“非常建筑”在一个国际竞标中胜出的项目，它的建成值得我们期待。

“中国之家”剖面图

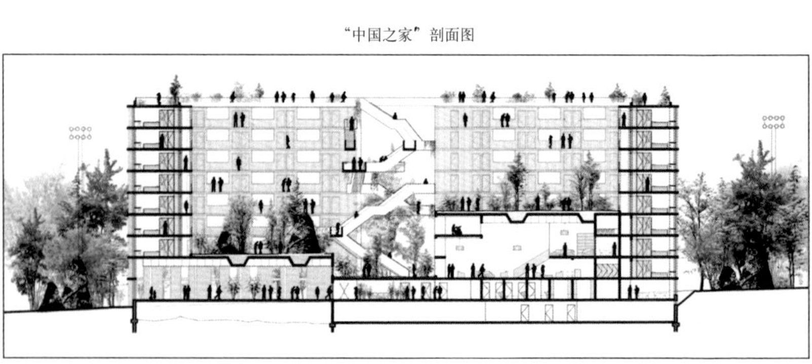

5

Comment on the *Maison de la Chine*, CIUP, France, by Atelier FCJZ[1]

1 First published in the *World Architecture* Vol. 328, No.10 (2017).

The *Cité Internationale Universitaire de Paris*, once envisioned as a sort of miniature, non-political League of Nations, is an "international village" that includes more than forty apartment buildings to house exchange students from all over the world, of which the most celebrated one is undoubtedly the *Pavillon Suisse* by Le Corbusier, completed between 1930 to 1932, a time when Le Corbusier dedicated himself to the adventure of modern architecture, from *les 5 points d'une architecture nouvelle* to *Ville Radieuse*, from *pilotis* to *le mur neutralisant*. All these components were reflected in the design of the *Pavillon Suisse*. Either from a technological or aesthetic point of view, it was a building full of innovations, and as a matter of fact, it was the first piece of the so-called "modernist architecture" ever completed in the *Cité Internationale Universitaire de Paris.*

However, the building also betrayed many problems in Le Corbusier's ideas on cities and architecture. First, could the "Radiant City" actually constitute a good urban model? It seems that the answer would be No, given the views expressed in recent years by Yung-Ho Chang regarding urban issues. It is therefore not surprising that in the competition entry for the *Maison de la Chine*, the pilotis and the model of free-standing object-like building of the *Pavillon Suisse* have been replaced by a courtyard typology, however this typology is to be interpreted as being derived from the prototype of China's Hakka courtyards, or from the urban blocks of Haussman's Paris. It is also interesting to see that, while its ground level is partially composed of pilotis, a basic peripheral enclosure is strongly maintained. On the other hand, to mark a difference from the traditional prototypes, a large elevation opening is formed where the public stairs within the courtyard are ingeniously arranged, giving the building a somewhat monumental gesture highlighted by a public entrance.

The southern facade of the *Pavillon Suisse* was initially composed of glass tiles alternated with transparent glass windows openable when needed; later Le Corbusier changed the scheme into a glass curtain wall containing warmed air on the interior. Like the *Cité de*

Refuge which was completed at around the same time, however, this final scheme resulted in a nearly disastrous interior environment, cold in the winter and hot in the summer, a problem that did not get improved until the 1950s, when the curtain wall was renovated and added with shutters. In contrast, whether contraposing Le Corbusier by intention or not, the *Maison de la Chine* gives each room a facade thickness made of a balcony and a protruding window that in turn brings forth a variety of angles in the facade derived from the lattice-type brick wall structure. Given that air conditioning is not widely used in Paris during the summer, this design is undoubtedly advantageous for a better interior environment. Even though this is a "double-envelope" facade that is extensively used in today's architecture, the facade structure could be justified by its possible role in sheltering the traffic noise from the road south of the building.

The rooftop garden is a crucial factor in Le Corbusier's "Five Points of New Architecture", but the application of this concept was quite limited in the *Pavillon Suisse*. By comparison, the *Maison de la Chine* not only includes a lower roof garden within the courtyard, but also intends to make roof garden a remarkable element from the without of the main building. Le Corbusier's idea was that, as the flat roof was quite new, one advantage with the roof garden was that it could help in improving the insulation properties of the rooftop. That point might not be so remarkable today, although it can certainly hold true for the *Maison de la Chine* too. What seems more interesting is the way the roof garden is to be used envisaged by Atelier FCJZ's scheme – a ring-shaped photovoltaic runway on the roof. Given that the building faces a large pre-existing sports field on one hand, and the *Cité Internationale Universitaire* is already equipped with an excellent outdoor walking system on the other, however, one might wonder whether the envisioning of the architect is really that convincing. Besides, if the purpose of this runway is not merely to take on what Le Corbusier called *Architectural Promenade*, but to facilitate actual sports- and exercise-related activities, which might be truly emblematic to the ethos of modernism, then this walkway would seem too flat and spatially too constrained to serve that purpose. Possibly it would be a better place for outdoor parties.

Yet as the winning entry in a prestigious international competition, this project by Atelier FCJZ will certainly consolidate its position in the international arena of architecture, and its building outcome will deserve our great expectation indeed.

Construction site of the *Maison de la Chine* in 2021

Diagram: facade design strategy

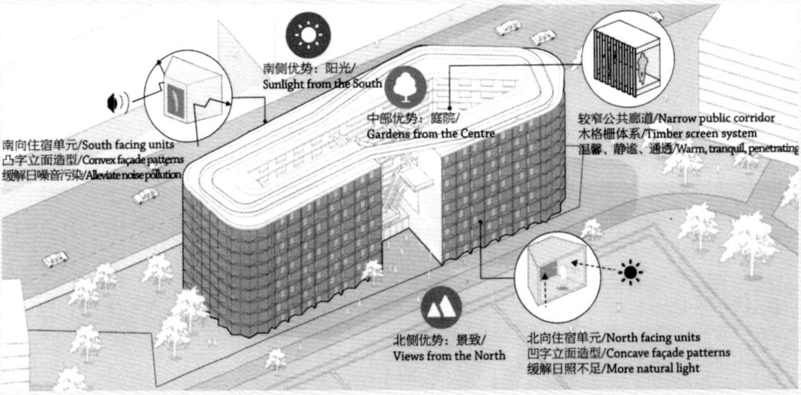

6

油罐、地景与艺术空间

OPEN建筑设计事务所新作上海油罐艺术公园评述[1]

1　本文最初发表于《建筑学报》2019年第7期（总第610期）。

2019年3月22日，三场展览同时在上海油罐艺术中心开幕，分别为日本艺术团队teamLab的大型数码音像装置展“油罐中的水粒子世界”(Universe of Water Particles in the Tank)、当代中国艺术家组合展“建造中”(Under Construction)以及阿根廷雕塑艺术家阿德里安·比利亚尔·罗哈斯(Adrián Villar Rojas)个展。这座新建成的艺术中心位于黄浦江西岸，吸引了大量艺术家、建筑师和普罗大众前往。本次活动也标志着这座由OPEN建筑事务所设计的油罐艺术中心的正式落成。作为当代中国建筑中最为引人瞩目的“小型独立”建筑事务所之一，OPEN的设计团队在创始合伙人李虎与黄文菁带领下耗时6年，成功将一组已经废弃的昔日龙华机场专用航空油罐改造成包括油罐艺术中心在内的油罐艺术公园，成为上海徐汇区政府着力打造的西岸滨江文化休闲观光带中的又一个亮点。

油罐艺术中心开幕式上的“水粒子世界”

由于种种原因，昔日龙华机场的原有油罐只有五个最终被保留下来，成为OPEN的设计对象。这五个油罐呈Z形排列，其中两个大油罐(4号和5号油罐)和一个小油罐(3号油罐)被连接起来，构成新的艺术中心。与此同时，毗邻龙腾大道的1号和2号两个小油罐则将成为时尚的音乐表演和餐厅空间，它们仍在建设之中，预期在不久的将来陆续对公众开放。

龙华机场油罐旧照

OPEN的改造设计方案既慎重又大胆。作为“向上海工业遗产的一种致敬”(OPEN语)，油罐内外原有的基本特征在深思熟虑中得到保留。与此同时，为满足艺术中心、音乐表演和餐厅空间等不同“内容计划”(programs)的要求，OPEN对油罐进行了一系列“外科手术式”的改造。除了外观上的长条形和圆形窗洞以及尺寸更大的入口门洞之外，餐厅所在的2号油罐和作为艺术中心组成之一的4号油罐的顶部“手术”最大，而5号油罐的改造最为复杂。在这里，2号油罐的原有顶盖被替换为一个有露天中庭的环绕式平台，而4号油罐的顶部则摇身一变，通过一部钢结构楼梯与下方的沙龙空间相连接，形成一个可以在开阔的全景视野中举行中小型活动的露天场所。在沙龙空间的下方，一个方形展览空

油罐艺术中心总平面图

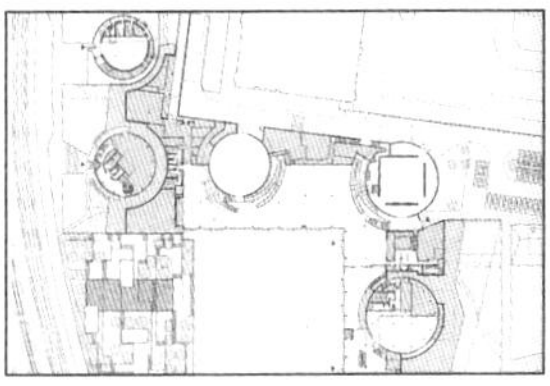

间（OPEN称之为“白色立方体”）被置入油罐的原始地面层，开幕展之一的当代中国艺术家组合展即在此举行。艺术中心的另外两个油罐——3号和5号油罐——更多保留了原有的圆形空间，但两者的特征迥异。阿根廷雕塑艺术家罗哈斯个展所在的3号油罐最能唤起身处油罐之内的原始感受，尽管这个感受已经受到OPEN在它的顶部实施的另一个“外科手术”——一个令人想起罗马万神庙的屋顶采光圆洞——的影响。与4号油罐内植入的方形展厅不同，置入5号油罐内部的是一个与油罐内壁脱开的圆形黑匣。参观者从负一层的艺术中心入口门厅向右，经由一部自动扶梯到达这个5号油罐的艺术空间层，再穿过一系列黝暗的过渡空间进入圆形黑匣。在开幕展上，这里是teamLab大型数码影像装置作品的展示场所，也是整个开幕展最为人头攒动的高潮。除此之外，两个长方形盒体也被嫁接到5号油罐的不同部位。一个盒体面对艺术中心入口前开阔的广场，用来强化这个艺术机构应有的姿态和分量，另一个盒体位于油罐的背后，面向一片起伏的草坪。在开幕展上，这个盒体被用作teamLab数码影像装置的临时计算机房，但是在OPEN的设计中，它更应该成为草坪露天音乐会或者戏剧表演等活动的舞台。

油罐艺术公园地景

5号油罐的长方形盒体与室外绿地

必须承认，从现有的状况来看，这个艺术中心的内容计划并非无懈可击。比如，它仍然缺少一个类似的公共性艺术机构不可或缺的咖啡厅和书店，至少这些设施尚待完善。另一方面，仍在施工中的讲演厅面积似乎过小，层高也完全不足以形成一个类似讲演厅需要的阶梯式听众席。无论是否应该将内容计划上的这些明显不足归咎于整个项目进程的踌躇不定，特别是艺术中心运营者人选的迟而不决所导致的整个项目在运作上的诸多不确定性，它似乎从另一个侧面印证了OPEN方案的外部设计比其内部设计更胜一筹的事实。确实，就其整体而言，OPEN的设计方案最为突出之处正是那个OPEN自己所谓的“超级表面”（Super Surface）的地景工程。它通过高低起伏的地面将5个油罐联系起来，实现了一个延绵的公共性城市公园概念。

回看OPEN成立以来的建成与未建成作品，人们可以发现两个显著特点，一是致力于积极的城市交往空间，另一个是地景营造的地形学策略。前者是上海浦东美术馆竞赛方案的中心主题，后者则在北京四中房山校区一展身手。在浦东美术馆的第一轮方案中，OPEN将一个开放的“艺术广场”作为公共性水平元素插入容纳美术馆辅助设施的“基座层”（podium level）和作为美术馆展览空间的“飘浮层”（floating level）的建筑体量之间。尽管这个设计概念在后来的第二轮方案中变得不那么一目了然，但城市公共交往空间还是以“多层夹心饼干”的方式与博物馆内部空间层叠在一起。至于北京四中房山校区，一组容纳餐厅、礼堂、体育馆等大型设施的地景式基座采用植被的堆坡形式，烘托着教学区的一系列有力体量。应该说，如果从使用角度北京四中房山校区不得不是一个自成一体的封闭领域，那么油罐艺术公园无疑为OPEN提供了一个实现真正向公众开放的城市景观的绝佳机会，其结果也完全可以用不同凡响来形容。

上海浦东美术馆竞赛方案

北京四中房山校区教学楼

在这一过程中，龙华机场旧址开阔地带上装置性的油罐的存在多少激发了OPEN设计的另一个出发点。这一出发点可以追溯到李虎在美国莱斯大学（Rice University）的学生时代，在那里他开始了对唐纳德·贾德（Donald Judd）、理查德·塞拉（Richard Serra）、瓦尔特·德·玛利亚（Walter de Maria）、罗伯特·史密森（Robert Smithson）以及迈克尔·海泽（Michael Heizer）等抽象艺术家及其作品的迷恋。如果说自那时以来李虎一直有意无意将这种迷恋带来的影响反映在自己的设计之中的话，那么没有其他什么能够比油罐艺术公园更能体现这一点。这是一个极少主义和大地艺术双重影响下的绝妙组合和重新创造。一方面，它在邀请参观者沿着蜿蜒的路径上下行进的同时，将一个连接油罐的艺术中心空间以及服务设施的世界埋于其下；另一方面，它将整个公园打造成一个蜿蜒起伏的地景艺术，而油罐则更像一系列嵌入其中的极少

德·玛利亚：《闪电地带》

主义装置。在此，人们很难不想起贾德的《15件无名混凝土作品》(*15 Untitled Works in Concrete*)，或者德·玛利亚的《闪电地带》(*The Lighting Field*)。还有，如果说抬升的“超级表面”是一种正向操作的话，那么从龙腾大道后退并且从原始地面层下沉5米以上的艺术中心入口广场则可被视为一种负向操作，它在概念上无疑十分接近海泽的《双重负向操作》(*Double Negative*)，更不要说艺术中心背后草坪上的通风口与海泽的另一件作品《复杂一/城市》(*Complex One / City*)之间显而易见的关联。

海泽：《复杂一/城市》

油罐艺术中心背后草坪上的通风口

值得一提的是，来自上述抽象艺术家的影响也体现在艺术中心内部，其中最显著的莫过于从门厅层通向3号和4号油罐展示空间的圆弧形坡道。在这里，坡道的圆弧形金属栏板不仅回应着油罐的形状，而且刻意倾斜的角度多少可以被视为理查德·塞拉的作品《变形的椭圆》(*Torqued Ellipse*)的一种变体。当然，与塞拉作品采用的锈蚀钢板不同，坡道栏板被涂成与油罐一致的白色。

油罐艺术中心弧形坡道及栏板

塞拉：《变形的椭圆》

对上述这些抽象艺术的认同和借鉴显示出OPEN的这个最新作品(事实上也可以说OPEN的其他作品，包括颇具“异形”特点的沙丘美术馆和即将完成的长城音乐厅)与当下电脑技术推动下肆意泛滥的流线化形式主义趋势的格格不入。同样不无批判性的是OPEN在这个项目的地景设计中采用的高草植被，表达了对当代中国在过去数十年中渐成套路的

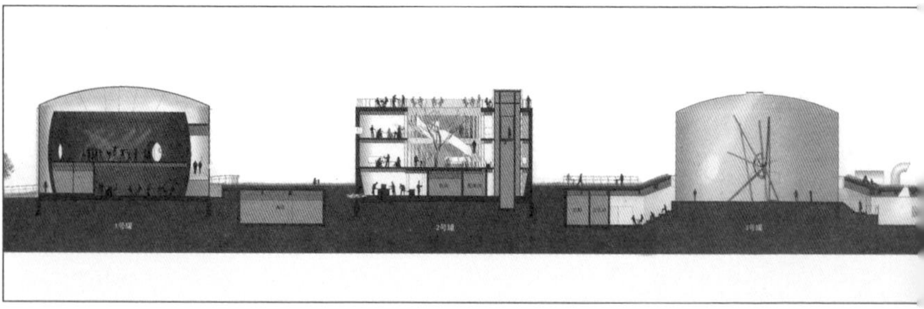

平庸的商业化景观设计手法的刻意背离。有趣的是，它再一次令人想起贾德和德·玛利亚上述作品的背景。

不过，需要在最后强调指出的还是油罐艺术公园对于社会空间的出色介入，这种介入既蕴含在油罐艺术公园的公共可达性之中，也以一种十分独特的方式反映在OPEN为5号油罐后面的草坪所构想的能够成为露天音乐会或者戏剧表演舞台的长方形盒体上面。它是OPEN对于打破艺术机构的物理界限并将其功能拓展到更大的城市和社会领域之意图的一次证明。一定意义上，这种超越机构界限的与城市和社会的联系——无论是建筑形式上的还是内容计划方面的——恰恰是已经成为整个西岸滨江文化休闲观光带最著名建筑的西岸龙美术馆所缺乏的。

是的，尽管油罐艺术中心落成之后其运营者仍然忙于各处的收尾工作，尽管油罐艺术公园的1号罐和2号罐还有待时日才能对外开放，但是这个基本完成的项目已经足以说明，在当今中国令人应接不暇的建筑机遇（hectic opportunities of architectural production）与OPEN所代表的具有社会意识的冷静/酷思维（cool and socially conscious intelligence）相遇之时能够擦出多么令人振奋的火花。

油罐艺术公园剖面图

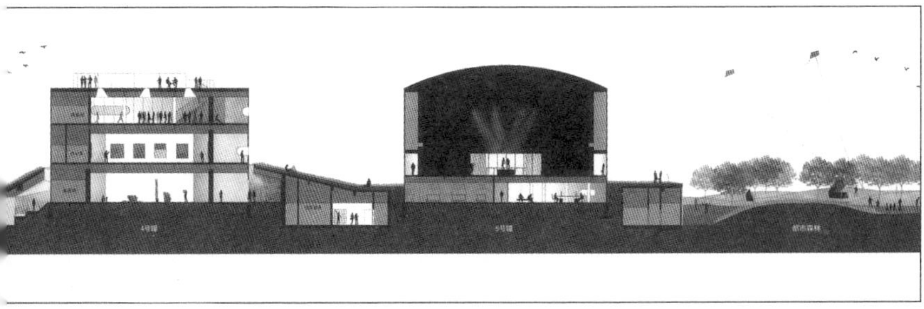

7

Fuel Tanks, Earthworks and the Art Space

Tank Shanghai by OPEN Architecture

On March 22, 2019, an event made up of three exhibitions named "Universe of Water Particles in the Tank", a digital installation by Japanese art collective teamLab, "Under Construction", a group show of contemporary Chinese artists, and a solo exhibition of the work of Argentine sculptor Adrián Villar Rojas, opened to the public at Tank Shanghai, a new art center located on the city's West Bund of the Huangpu River, attracting flocks of artists, architects and the general public. The event also signaled the official inauguration of Tank Shanghai, the most recently completed project by OPEN Architecture based in Beijing, one of the most promising "small and independent" architect firms in China as opposed to the large-scale state-owned institutes or private commercialized enterprises. Headed by founding partners Li Hu and Huang Wenjing, OPEN Architecture started to work on the project six years ago when the authority of Xuhui District of Shanghai declared yet another renewal project to turn a number of abandoned aviation fuel tanks once served the historic Longhua Airport into what is now known as Tank Shanghai, which in turn would be a part of the so-called Culture and Recreation Belt along the Bund.

Only five tanks of seven survived and became subject to OPEN's scheme. Of the five, lined up in a Z-shape, two bigger ones plus one smaller one would be connected to make up the new art center, while the other two smaller ones nicknamed Tank No.1 and Tank No. 2 fronting onto Longteng Avenue would be adapted for other purposes such as live music performances and dining.

OPEN's response to the program is at once discreet and obtrusive. As "a tribute to Shanghai's industrial relics", the original features of the tanks have been thoughtfully preserved and retained both within and without. To meet the disparate programs ranging from an art center to live music performance spaces and a restaurant, however, surgical modifications have been endowed to the tanks. For the restaurant tank as well as for one of the art center tanks, Tank No.4, the pre-existing roof is removed in exchange for a patio-like space and a roof terrace around it in the first instance, and an even larger roof terrace in the second connecting the salon space below to fantastic panorama vistas over the surroundings through a stairway. Underneath the salon space, a square-shaped exhibition room is fed into the pre-existing ground level of the tank where the group show of contemporary Chinese artists takes place. On the other hand, although the other two tanks of the art center, Tank No. 3 and No. 5, have retained their original circular spaces, their spatial character is different. Tank No. 3, where Adrián Villar Rojas' work is shown, evokes most the original sense of being inside a fuel tank, apart from the top-lit hole in the roof, another surgical modification by OPEN. By contrast, Tank No. 5 assumes a detached circular black box within the tank accessed from the foyer via an escalator. Alongside that, two rectangular boxes have been added on to Tank No. 5. One is facing the open plaza in front of the entry of the art center as an enhancement of the honorific gesture required by the institution, while another one is found on the rear side facing onto a greensward. This box, used temporarily as a computer room for the Japanese teamLab's digital installation, could, according to OPEN's scheme, act as a stage for an open-air concert or theater whatsoever.

Admittedly, the program of the art center is not without fault. The auxiliary functions such as café and bookstore are missing, or at least yet to come. The lecture hall is still under construction, but the space seems too small, and the height seems too limited to be theatrical. Whether or not it is reasonable to ascribe this kind of apparent irresolution of the program to the uncertain circumstances of the whole project due to the much belated involvement of the operator who is now running the new art center, however, the very best of OPEN's scheme is not so much manifest inside the tanks than in the outside. Nowhere is this more evident than the earthworks, referred to as the "Super Surface" in OPEN's own terminology, that in the form of undulating parklands connect the tanks into a single concept of uninterrupted, publicly accessible urban parkscape.

The commitment to urban social spaces on one hand and topographic configuration of earthworks on the other can be discerned in most of OPEN's projects over the past years, built or unbuilt. In the first run of the firm's competition entry for the Pudong Art Museum in Shanghai, for instance, a universally accessible horizontal interstitial, the Art Plaza, is wedged into the building bulk between the "podium level" made of auxiliary facilities and the "floating level" accommodating exhibition spaces. In the new campus of Beijing No.4 High School, on the other hand, the podium containing the school's large public functions such as the canteen, auditorium and gymnasium takes the form of vegetated mounds on which the teaching parts of the school are propped up. Now, Tank Shanghai seems to have afforded OPEN a unique chance to declare its evolving modality by turning the whole project of Tank Shanghai into a landscape truly open to the public, and the result is brilliant.

In this process, however, the open field of Longhua Airport where the fuel tanks were originally located might evince a point of departure to recall something that has fascinated Li Hu ever since his student years at Rice University in the United States, that is, abstract art evolving all the way from that of Donald Judd and Richard Serra to Walter de Maria, Robert Smithson and Michael Heizer. In other words, what one sees in Tank Shanghai is an amazing reshuffling of the impacts from minimalism to what is variously known as land art, earth art, environmental art or earthworks. Thus, while inviting the visitors to proceed up and down along winding routes on one hand, and camouflaging a subterranean world including a large part of the art center and its service facilities such as machine rooms on the other, the whole parklands become a sinuating earthwork where the tanks are incised virtually as minimalistic objects, reminiscent of Donald Judd's *15 Untitled Works in Concrete* and *The Lightning Field* by Walter de Maria. What is more, if the earthwork raises the "Super Surface" upward as a positive move, the plaza in front of the subterranean entry of the art center set back from Longteng Avenue and sunk some 5 meters into the pre-existing ground, is a negative move that conceptually approximates Michael Heizer's Double Negative. That is not to mention the affinity with *Complex One / City*, another well-known work of Heizer, drawn by the ventilation shaft situated on the greensward at the rear of the art center.

Interestingly, the influence from the abstract is evident inside the art center too. Above all, this is confirmed by the circular ramps leading from the foyer level, which is under the earthwork between the tanks, to the exhibition space that is on the pre-existing ground level of the tank. Here, responding to the shape of the tank, the steel boards of the ramps taking an inclined form clearly owe something to Richard Serra's *Torqued Ellipse*, though, different from Cor-Ten steel in Serra's case, they are painted white as the tanks themselves.

The ultimate reference to the abstract art in this genre already opposes today's trend where computer technology is pushing architecture, and landscape architecture for that matter, toward fluid formalism. There is also a marked resistance to the commercialized banality of vegetation that has been prevailing in contemporary China. In this regard, OPEN's adoption of tall grasses for the parkland is particularly unusual in the Chinese context because of its inflection of wildness. Once again, it reminds one of the backdrops of the aforementioned works of Judd and de Maria.

But still, it is the engagement with social spaces that makes Tank Shanghai outstanding not least in the context of the so-called Culture and Recreation Belt along the West Bund. In addition to public accessibility that is imbued from the outset in the theme of Tank Shanghai, it is to the credit of OPEN that an initiative could be made in form of the stage box conceived at the rear of Tank No. 5, which in this case should be received as a testimony to OPEN's intention to breach the boundaries of the art institution and to extend its function into a larger urban and social realm. This kind of possibility for urban and social connections beyond its institutional limits is, one might say, exactly what is short of in the scheme of the Long Museum, a celebrated art museum in the West Bund designed by Liu Yichun of Deshaus, an equally celebrated "small and independent" architect firm in China today.

Despite its inauguration, the operator of Tank Shanghai is still busy completing construction here and there, yet the whole project as such has already shown what so exciting can happen when China's hectic opportunities of architectural production meet with the cool and socially conscious intelligence that OPEN stands for.

Tank Shanghai

Tank No. 3 with the solo exhibition of the Argentine sculptor Adrián Villar Rojas

8

“边园”与柳亦春的建筑思辨[1]

1　本文曾以《“边园”访后记》为题发表于《建筑师》2020年第4期（总第206期）。

2019年11月，柳亦春约我去看他的一个近作——位于上海杨浦区杨树浦路地段黄浦江畔的“边园”。能够在建筑师亲自陪同下参观一个建筑作品自然是万分荣幸之事，但同时似乎也有了某种义务和自我要求，得就这个作品写点什么，消化观后的心得体会和想法。本文是此次造访的后记，当然也可以被视为一种建筑评论/批评。在后面这一点上我坚信柯林·罗（Colin Rowe）曾经说过的，“具有品质的建筑才值得评论/批评”（To be worth of criticism a building must possess quality）。“边园”无疑具有这类品质，而且这里所谓的“品质”不仅在于建筑本身，也取决于建筑师的思辨能力。

01 思辨与“含混”

柳亦春善于思辨，这种能力在当代中国建筑师中可谓出类拔萃。然而，这一点的最早佐证也许并不是柳亦春自己的建筑作品，而是他发表在2002年出版的由当代艺术和建筑评论家王明贤主编的贝森文库之《平常建筑：非常建筑工作室二十一例》中的《窗非窗、墙非墙——张永和的建筑与思辨》一文。彼时的柳亦春及其与庄慎、陈屹峰合伙主持的大舍建筑设计工作室（Atelier Deshaus）正以一系列不同凡响的作品在国内外建筑界崭露头角。但是，即便“大舍”此后不久完成的上好作品上海青浦夏雨幼儿园也没有多少可圈可点的“思辨性”可言。充其量，作为一个在场地应对、形式空间和建造品质方面都出类拔萃的作品，建筑师的思辨似乎仅在于二层“卧室间相互独立并在结构上令其楼面和首层的屋面相脱离，强调漂浮感和不定性，这种不定性以及恰当尺度的相互分离导致一种看似随意的集聚状态，使空间产生张力”。[1]

大舍：上海青浦夏雨幼儿园

相比之下，《窗非窗、墙非墙——张永和的建筑与思辨》则充分体现了柳亦春不同寻常的思辨能力。柳亦春指出，“建造”和“思辨”是张永和建筑的两个永恒主题，前者“与建筑的空间、营造的方法以及基地的环境有关”，而后者“则和语言逻辑及思考习惯有关”。[2]早期张永和的建筑几乎都在图纸上进行，1993年回国之后开始转化为实

1 《城市·环境·设计》2016年11、12月合刊（总第104期）“大舍：即物即境”，第64页。

2 柳亦春：《窗非窗，墙非墙——张永和的建筑与思辨》，载张永和《平常建筑》，中国建筑工业出版社，2002，第47-55页（引自第48页）。

际的建造。在这中间，当代艺术的影响始终如影随形，而从“纸上建筑”到实际建造的转化则是张永和“将建造材料融入建筑元素（如窗、墙等）的思辨过程”的关键，其不同凡响之处就在于“窗非窗、墙非墙”的建筑思辨。

其实，在进入“窗非窗、墙非墙”的论述之前，柳亦春还说了一个“门非门”的问题——比如，宛如马歇尔·杜尚（Marcel Duchamp）在自己的寓所中设计了一个处在既开又关状态的门一样，张永和工作室也有一扇既是储物柜门又是厕所门的既开又关的“开关”。类似的设计也体现在张永和自己的北京寓所那扇打开后“消失”在书架中的门。换言之，与其说这是一扇“打开着的门”，不如说是一个“门洞”——即所谓“门非门”也。

在柳亦春看来，尽管门是建筑中很空间的元素，但其“对建筑的形式似乎影响不大”。[3]因此，柳亦春的辨析转向对建筑形式更具影响的“窗非窗、墙非墙”。以北京晨兴教学中心为例：首先，得益于当代构造工法，该建筑外部带窗框的大片玻璃窗与墙平齐，模糊了窗与墙的界限，而这扇组合窗上可以开启的通风扇由于采用铝合金百页则又模糊了窗框的概念，强化了窗成为墙的可能。“更有意思的是，这扇‘窗’由于安装空调机的需要而向内突出的部分，在室内变成了桌子（或者说是放大了的窗台），……在这里，‘窗户’和‘家具’的概念险些也是是非难辨了。”[4]

张永和：北京晨兴教学中心

其次，张永和用两层平板玻璃在建筑内部的走廊、楼梯和三层以上的小会议室构成具有砖墙厚度的“玻璃墙”围护体系，内侧为半透明磨砂玻璃，外侧为透明玻璃。柳亦春指出，“玻璃墙的透光性使之带有窗的特性，而从室内看上去的不可外视性及其足够的厚度和明显优于单层平板玻璃窗的围护热工性能则又使之具有墙的特性，不过在暗示它是墙的这三个因素中，细究起来，也许厚度还是最主要的。对厚度的提示要归功于外侧的透明玻璃，它让我们透视到玻璃墙的厚度，然而也正是因为这种可透性，我们从外侧仍然可以视之为窗，特别是在朝向内天井的这一侧，由于外侧的透明玻璃并没有与外墙取平，内凹的处理让从内侧肯定为墙的这一部分更具条形窗的特征。”[5]

对于张永和的上述建筑思辨，柳亦春在文章的开始部分借助17

3　同上，第49页。
4　同上，第51页。
5　同上，第52页。

世纪捷克著名教育家夸美纽斯的观点说道："对基本事物的思辨，有助于我们将感觉训练得能够正确把握事物间的区别。"[6]这多少有些令人吃惊，因为在我看来，无论"门非门"还是"窗非窗、墙非墙"，柳亦春的思辨都指向一种事物间的"含混"(ambiguity，中文又称"朦胧""暧昧""不定性")，而不是清晰把握它们的区别。更重要的是，如果说张永和的建筑在有意或无意中体现着这样与那样的"含混"的话，那么柳亦春的这篇文章则使一种对"含混"的情有独钟彰显无遗。

当然，对于建筑师而言(我这里说的是从事实践的建筑师)，书写建筑"含混"辨析文字属于一回事，将关于"含混"的思辨转化为好的建筑作品则是更为艰难的另一回事。思辨需要敏感和睿智，而将"含混"的思辨落实在建筑之中则需要超凡的专业把控能力以及精准的拿捏技巧，否则很有可能弄巧成拙，得不偿失，让作品毁于一旦。幸运的是，柳亦春此后的建筑实践向人们展示的正是这种把玩"含混"必备的超凡的专业把控能力和精准的拿捏技巧，而"边园"就是柳亦春在这方面新近完成的一件精心之作。如果夏雨幼儿园还只是通过脱离底层屋面的体量体现某种"漂浮感和不定性"的话，那么"边园"的"含混"(不定性)则要精妙和有趣得多，更具深刻的思想含义以及在空间形式上的令人回味之处。

02 "含混""修辞"与"手法主义"

说到观念上的思辨与实践中的把控，这里不能不提及日本建筑师坂本一成对柳亦春的影响。从篠原一男到坂本一成再到塚本由晴的日本东工大学派对当代中国建筑师的影响笔者已经在另一篇文章中有所论述。[7]这里要说的是坂本一成"日常的诗学"在其建筑作品中表达的精致和微妙以及这种精妙性对柳亦春的影响。以坂本自宅House SA为例，这个作品在坂本建筑中的地位之重要可以用笔者亲历的2009年"坂本一成同济大学展"予以说明。在这个展览上，进入展厅首先吸引观者注意力的是置于入口斜侧前方聚光

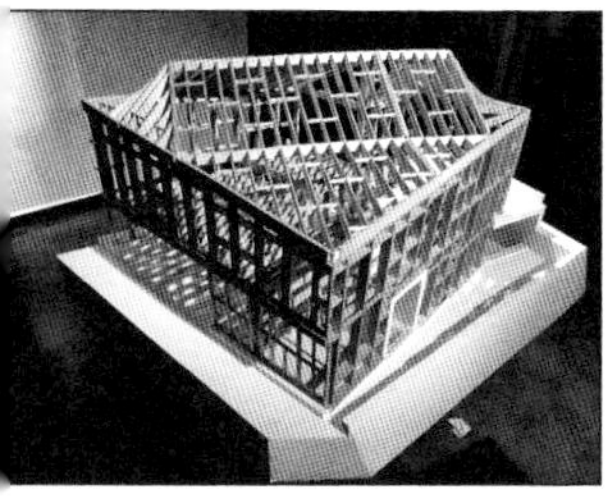

House SA：同济大学坂本一成展模型之二

6　同上，第49页。

7　王骏阳：《日常：建筑学的一个"零度"议题》(上)、(下)，载《建筑学报》2016年第10期(总第577期)和第11期(总第578期)。也见本文集第12篇。

灯下的两个House SA模型。模型一小一大，较小的揭掉主要体量的屋顶，较大的则是一个近乎全裸的结构模型。两个模型占据着展厅如此重要的位置，而结构模型似乎又是重中之重，这不能不表明它在坂本心中的地位。该建筑的结构设计出自东工大金箱温春教授之手，它将包括餐厅、厨房在内的地下室设计为钢筋混凝土结构，上部则为轻型木结构。该建筑体量不大，但是由于日本建筑的抗震要求颇高，金箱温春还是煞费了一番苦心，其结果当然也颇为建筑师和结构师得意，这从结构模型在整个展览中占据的位置可见一斑。但是，当金箱希望结构在最后的建筑中得到更多表达之时，坂本却拒绝了，理由是过多也过分强烈的结构表达会干扰和破坏他真正的建筑诉求——“日常的诗学”。在此，我们没有篇幅空间对坂本的“日常的诗学”进行阐述，不过该建筑的最终结果表明，坂本确实遮蔽了大部分结构，只在书房和工作室一侧的大玻璃窗为这个结构设计的建筑表达留下一席之地。

笔者曾经两次实地造访House SA，不过印象最深的倒不是这个建筑的结构（可能正因为坂本成功将其“遮蔽”），而是它巧妙利用地形，在入口处形成两个坡道，一个径直往下到达餐厅和厨房，另一个则经过两个180°转折穿过书房和工作室最后抵达主卧室。这两个坡道无疑是整个建筑概念的灵魂。可以想象，如果这是一个妹岛和世建筑，那么它必定是刻画和清晰彰显的重点，而这正是坂本一成认为妹岛建筑宛如其人“瘦得皮包骨头”的原因。[8]坂本的策略似乎是反其道行之，在表达建筑概念之时，通过台阶式处理、家具甚至侧窗部分的结构等不同手段干扰它的清晰呈现。就此而言，如果这就是坂本所谓“日常的诗学”的话，那么这个诗学也是一种“含混”的诗学了。

坂本一成：House SA 工作室内景

在与柳亦春的对话中，东工大学派的奥山信一谈到一种“元级建筑”与“建筑修辞”之间的关系。奥山认为，“元级建筑”超越于一般意义的房子之上，它具有隐喻、类比、历史等抽象意义，但是“如果离开修辞，一切都是不成立的”。之所以如此，原因在于“修辞是建筑学

8　对妹岛和世建筑的这一评价是笔者在与坂本一成的接触和交谈中印象最为深刻的观点之一，翻译：郭屹民。

柳亦春参观坂本的水无濑住宅

赖以沟通的能力”。[9]在我看来,“修辞”的目的与其说是“沟通”,不如说是使原本过于抽象因此也过于单薄的“元级建筑”的概念或类型变得“含混”以及不那么“皮包骨头”的一种途径。我赞同奥山的观点,“修辞和建筑学元级的类型之间,是相互关联的。如果只把修辞抽离出来,为修辞而修辞,那建筑就变成了装饰,完全缺失了原型所给予的意义。”[10]这是一种犹如走钢丝般的平衡,需要超凡的专业把控能力以及设计上精准的拿捏技巧。我相信,正是坂本一成建筑在这一点上的出色表现以及由此产生的“含混”令柳亦春着迷,也让他有意或无意地受到坂本的影响。

对柳亦春难说有多少直接影响但本文却不得不提的人物是文丘里,因为正是他那部著名的《建筑的复杂性与矛盾性》(*Complexity and Contradiction in Architecture*)为“含混”(周卜颐中文版译为“不定性”)赋予重要的理论地位。在文丘里之前,文学评论家威廉·燕卜逊(William Empson)将“含混”作为文学修辞的主要手段,并著有《含混的七种类型》(*Seven Types of Ambiguity*,中国美术学院出版社的中文译本称之为《朦胧的七种类型》)。这得到文丘里的欣赏,称燕卜逊为“最高级的含混专家”(the supreme ambiguist)。受其启发,文丘里将“含混”作为一种可以克服现代建筑“少就是令人厌烦”的建筑修辞。他引用史上的建筑案例写道:

> 萨伏伊别墅:是否为方形平面?范布勒设计的Grimsthorp城堡的前亭与后亭从远处看是模糊不清的:它们孰远孰近?孰大孰小?贝尔尼尼在罗马布教官上的壁柱:它们是凸出的壁柱还是凹进的墙面分隔?梵蒂冈Pio Ⅳ俱乐部的装饰性凹墙并不正常:它的墙面大还是拱面大?勒琴斯设计的Nashdom大厦正中下陷,有利于设置天窗:由此产生的二元问题是否得到解决?路易吉·莫雷蒂在罗马Parioli区的公寓:是一幢建筑分成两半还是两幢建筑相连?[11]

9 《与奥山信一的对话:有关龙美术馆的建筑学讨论》,《城市·环境·设计》2016年11、12月合刊(总第104期)“大舍:即物即境”,第31-38页(引自第37页)。

10 同上,第37-38页。

11 罗伯特·文丘里:《建筑的复杂性与矛盾性》,周卜颐 译,江苏凤凰科学技术出版社,2017,第31-33页。

文丘里的这些发问令人想起柳亦春对张永和建筑"窗非窗、墙非墙"的思辨。不同的是，此后的文丘里心安理得走向装饰，而柳亦春则小心翼翼地与装饰保持着距离，即便使用也极为谨慎和克制。另一方面，文丘里对结构技术很少表现出兴趣，柳亦春则与结构工程师紧密合作。

在文丘里那里，"含混"既是"建筑的复杂性与矛盾性"的体现，也是"手法主义"的重要特征，后面这一点曾得到柯林·罗《手法主义与现代建筑》的大力支持。[12]作为后人对出现在意大利文艺复兴和巴洛克之间的艺术特点的一种认识，学者们曾经对"手法主义"兴起的人类心理和智识原因作出各种不同的解释。柯林·罗称16世纪的手法主义将"一旦事物达到完美就要付之一炬的人类欲望"(the very human desire to impair perfection when once it has been achieved)表现得淋漓尽致，[13]而在翁贝托·艾柯(Umberto Eco)看来，"手法主义"其实并不限于16世纪，而是"一旦发现世界不再存在固定中心，人们必须在这个世界上我行我素，寻求自己的参照点，手法主义就诞生了"。(Mannerism is born whenever it is discovered that the world has no fixed center, that I have to find my way through the world inventing my own points of reference.)[14]有理由相信，学者的这些论断在今天仍然是真知灼见。

正如我们不能以"装饰就是罪恶"来歪曲路斯的"装饰与罪恶"并轻易否定"装饰"一样，本文无意将"手法主义"作为一个贬义词来使用——这类贬义在"手法主义"一词的使用中时常出现。然而我始终认为，无论我们应该在什么意义上理解"手法主义"的心理和智识诉求，一个不争的事实是，如同"装饰"的使用其实大有讲究一样(事实上，这种讲究正是路斯"装饰与罪恶"的精髓)，"手法主义"也有"高级"和"低级"之分。在这方面，早期的文丘里建筑完全不是其晚期作品可以同日而语的。尤其是他最著名的"母亲住宅"，建筑历史理论学者文森特·斯卡利(Vincent Scully)对它的评价之高简直

文丘里：母亲住宅

12 见 Colin Rowe, "Mannerism and Modern Architecture," in *The Mathematics of the Ideal Villa and Other Essays* (Cambridge, Massachusetts. and London, England: The MIT Press, 1979).

13 Ibid., p.35.

14 Stefano Rosso and Umberto Eco, "A Correspondence with Umberto Eco," in *Boundary 2: An International Journal of Literature and Culture*, trans. by Carolyn Springer, 12, No.1 (1983), p.3.

赫佐格与德默隆：戈兹美术收藏馆

戈兹收藏馆剖面与外观楼层错觉

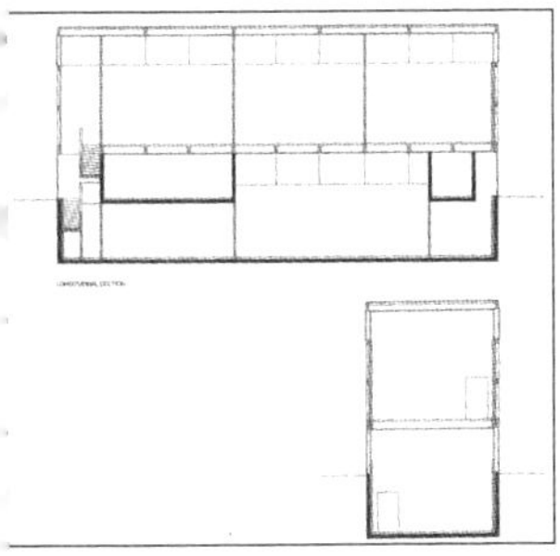

可以用“推崇备至”来形容。我同意斯卡利对“母亲住宅”的诸多分析和见解，[15]不过我同时愿意指出的是，如果将这个作品与早期赫佐格与德默隆（Herzog & de Meuron）的戈兹美术收藏馆（Goetz Collection）相比，那么它所体现的“手法主义”还是不够“高级”，因为就其经典的主立面而言，它太依赖于二维的“正面性”（frontality），以至于一旦离开正面性，整个建筑甚至显得幼稚，而这种不足并不能以文丘里同时热衷的“波普文化”（Pop Culture）进行开脱，否则我们就会陷入两面卖乖的批评境地。相比之下，戈兹美术收藏馆对“手法主义”的把玩体现在形式、空间、结构、材料、表皮等方方面面，特别是立面给观者的楼层错觉与建筑剖面之间错综复杂的关系，可谓精彩绝伦，[16]实乃当代建筑“手法主义”之上品。

03“边园”的建筑思辨

位于上海杨浦区地段黄浦江畔的“边园”也许不能被称为一个典型的“手法主义”作品，但是毫无疑问，它是一件“含混”的佳作——当然，如果我们同意文丘里/罗有关“含混”是“手法主义”重要特征的观点的话，那么将“边园”视为某种意义上的“手法主义”也未尝不可。然而值得注意的是，相较于从16世纪到文丘里/罗的建筑手法主义大多依赖于静态的视觉凝视甚至是二维的立面或正面性，“边园”的“含混”首先是一种动态行走的空间体验，用吉迪恩描述现代建筑的术语来说（当然，这也是文丘里蓄意反对的），它是“空间—时间”的。之所以如此，原因就在于“园”。

一定程度上，将整个项目称为“边园”多少有些喧宾夺主。这个项目的主要“内容计划”（program）是在杨树浦路原煤气厂卸煤码头遗存的一堵钢筋混凝土挡煤墙前面形成一处供市民活动的公共场地，后来柳亦春将它处理成一片位于原煤场位置的旱冰场，而最终“悬置”

15 Vincent Scully, “Everybody Needs Everything,” in *Mother’s House* (New York: Rizzoli, 1992), pp.39-57.

16 关于戈兹美术馆的“手法主义”分析，见笔者《空间、建造、表皮——论赫佐格与德默隆早期的建筑艺术》，载王骏阳《理论·历史·批评（一）》，同济大学出版社，2017，第76-92页。

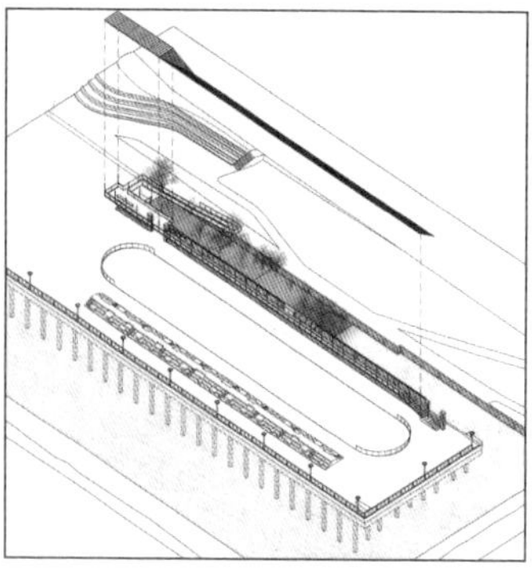

边园：鸟瞰轴测图

在混凝土墙残段之上的长廊，其实际用途还在于为这片旱冰场或者其他活动提供一个观众看台。按照柳亦春自己的说法，“边园”一名的由来是因为它地处杨浦区的边缘地带，而“园”的主题既来自柳亦春长期以来对“园林”的情有独钟，也产生于他第一次造访现场时对混凝土墙残段的直觉反应，“日积月累，尘土覆盖，飞来的草籽生根发芽”之后长成一片参天树荫，仿佛它们已经与这长长的混凝土墙在独特的风景中融为一体，“谁也离不开谁”。[17]对于规划和建设部门来说，这片树林也许可有可无，但是在柳亦春独特的建筑师敏感力的驱使和努力之下，这片树林最终被保留下来，进而演化为“园”的构想。就此而言，“边园”确实是建筑师在“内容计划”上的一个“私货”，然而就是这个“私货”使一个原本实际的工业场址改造项目多了几分“诗意”及文化内涵，而且也为柳亦春自己的建筑思辨提供了进一步可能。

边园：钢筋混凝土背后的廊道

或许，如同“窗非窗、墙非墙”一样，我们可以用“园非园”来概括这里的柳亦春思辨。柳亦春发表在《建筑学报》上的对这个项目的“自我辨析”中提及，他在初次造访场地之时瞬间想到苏州园林中的沧浪亭。[18]可能由于文章篇幅的限制，柳亦春并未进一步说明为什么出现在他脑海中的是沧浪亭而不是其他江南园林。但是熟悉沧浪亭的人都不难想到那个位于入口大门一侧、实际处在沧浪亭围墙之外的“面水轩”以及一小段与之相连的廊道。正是这个细节使沧浪亭在现有的苏州古典园林中独树一帜，突破了现在似乎已成定式的将包括苏州古典园林在内的江南私家园林固化为一种通过围墙从城市中隔绝出来的独立领域的理解。换言之，如果说今天的苏州园林

苏州沧浪亭：入口一侧的面水轩及其连廊

17　柳亦春：《重新理解“因借体宜”——黄浦江畔几个工业场址改造设计的自我辨析》，《建筑学报》2019年第8期（总第611期），第34页。

18　同上。

通常都是以这个自成一体且别有洞天的世界吸引着游人的话，那么沧浪亭对柳亦春的启发之处也许就在于，还有一种将“园”与其之外的城市连接起来的“园非园”可能。

但是，柳亦春的“边园”将沧浪亭内与外的比重进行了反转，使其“内”“外”关系的处理更为暧昧，也更具象征的修辞手法。利用混凝土墙原有的一段断口，柳亦春形成进入“边园”的大门。进入这个断口，左侧是二层“望江亭”（笔者的命名）的下方，右侧先是一部通向二层“望江亭”的楼梯，随后则是一个紧贴混凝土墙的廊道。廊道上方是凌驾在混凝土墙之上但与墙体之间又有一道窄狭缝的单坡倾斜屋顶；又由于屋顶向“内部”一侧倾斜，它在很大程度上压低了廊道的尺度，增强了“内部”的私密性。廊道一侧的混凝土墙面每隔一段距离形成切口，令人想起苏州古典园林复廊上的花窗。廊道的另一侧是柳亦春煞费苦心保持原状的树林（包括地面上的混凝土残块），树林背后是另一道遗存的混凝土挡墙，俨然构成“园林”之“内部性”不可或缺的一道围合边界，尽管这个围合只是象征性的。树林结束之处一条场地原有的且水质浑浊的河道延伸至远方，野趣横生却又不乏宁静幽暗。

边园：“入口”及二层“望江亭”

边园：廊道一侧河道及混凝土墙

与此同时，透过屋面与混凝土墙面之间的狭缝，光线在屋顶结构的钢板底面形成几分颇具神秘色彩的晕泽，予人在苏州古典园林中难以获得的微妙体验。这段廊道是柳亦春的“私货”，也是整个“边园”仍然维持着某种“园林性”的关键所在。这个“园子”在这个建筑中的比重其实不大，但是足够精彩，现场条件利用得恰到好处。更重要的是，尽管“边园”并非完全围合，却仍然呈现出某种“内部性”，展现着柳亦春对苏州古典园林精髓的心领神会以及不同凡响的审美趣味和现代处理技巧。

随着悠长的混凝土墙的结束，廊道也戛然而止。再顺着一段矮墙和一根独立柱（看起来二者都是场地上原有）向前一小段，造访者不知不觉之中走出“边园”的“内部”，来到一个在尺度和范围上大许多的“外部”世界。一切豁然开朗，开阔的旱冰场和更为开阔的江景以及城市景观展现在眼前。这个“内”与“外”的转换力度如此之大，以至于尽管在混凝土墙的面江一侧也有位于二层的长廊以及端头的“望江亭”构成的“园林”的基本元素，但是与沧浪亭这个原型相比，它最终只能是一个“园非园”。很大程度上，正如本文前面所说，这取决于“边园”的真正主题是大尺度的公共性和城市性而不是小尺度的“园林性”这一基本事实。或许也由于这个原因，“边园”的英文名称最后被柳亦春确定为Riversider Passage，而不是Riverside Garden。在此，借用奥山信一与柳亦春对话中的“元级建筑”概念，“边园”的“园非园”更像是一种“元非元”，它使作为“元级建筑”的“园”成为片段性的、修辞性的、残缺不全的。

边园：二层长廊、屋顶与柱

但是，如果说从“园非园”到“元非元”的转变是柳亦春所谓“重新理解‘因借体宜’”的结果的话，那么“边园”的“因借体宜”在另一原型层面的“元非元”也许更值得注意。确实，“边园”的命名已经先入为主地将人们的关注点引向“园”的主题，以至于后一层面的“元非元”几乎完全被淹没。让我们注意柳亦春自己在《重新理解“因借体宜”》一文中的提示。他在论述如何在“边园”这个项目进行“因借”，或者说“如何让这个堆煤码头曾经的物件再度具有意义、再度精确”时写道：“似乎只是在初见的一瞬间，一段时间以来对许多事物的思考汇集为一个坚定的想法，那就是要把这堵长长的坚实的混凝土墙作为继续建造的基础，就是那种具有地基意义的基础，或者说一个基座，然后一个跨越防汛墙和码头缝隙、穿越那荒野的树的坡道连桥，一个腾空的长廊，一处可以闲坐的亭，都依附在这堵坚实的墙上。在我心里，也就是一个和‘亼中口’的原型理解密切相关的建造构成。”[19] 可惜《重新理解“因借体宜”》一文的头绪太多，读者在此还未能明白所以然，柳亦春已经忙不迭地转换到“织补”(bricolage)的

边园：混凝土墙与上部建筑

19　柳亦春：《重新理解“因借体宜”——黄浦江畔几个工业场址改造设计的自我辨析》，《建筑学报》2019年第8期(总第611期)，第34页。

问题上去了。

好在柳亦春通过此处的一条注释向读者指明了一个他在“亼中口”问题上思考的线索。这是一篇发表在《建筑学报》2018年第9期上题为《台基、柱梁与屋顶——从即物性的视角看佛光寺建筑的3个要素》的文章。作为笔者担任学术主持、得到《建筑学报》大力支持以及柳亦春等七位实践建筑师积极响应的“八十年后再看佛光寺——

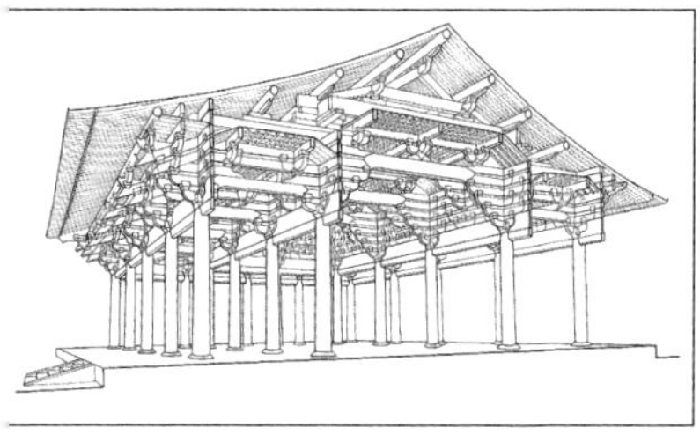

中国营造学社：佛光寺东大殿结构体系图

当代建筑师的视角”活动成果的一部分，该文通过对佛光寺这个在中国建筑史上具有原型意义的案例的反思，提出以“亼中口”这几个从汉字的“舍”中分解的元素重新理解佛光寺的当代建筑学意义的可能。柳亦春指出，尽管佛光寺的历史地位已经在梁思成、林徽因等20世纪现代中国建筑学先驱者那里得到确认，但是林徽因早在发现佛光寺之前的1932年将中国建筑的特征归结为台基、梁柱、屋顶三大要素的真知灼见却因为后来“梁、林等人的研究视角一直都是放在中国木构建筑的特殊性上”而成为一个未能“从中挖掘有关建造的普遍性”的“遗憾”。[20]

可以说，“亼中口”就是为弥补这一“遗憾”而提出的，它试图将“台基、梁柱、屋顶”三要素转化为一种抽象的房屋构成，从而使它们获得超越古代建筑和当代建筑的“原型意义”。在我看来，无论这一弥补的企图还有多少学理上的粗糙与不完善之处，它无疑属于当代中国建筑中为数不多的具有建筑学本质意义的见解。就此而言，它也是柳亦春建筑思辨中最具奥山信一所谓“元级建筑”地位的主题。不过对于本文而言，更有意思的是柳亦春如何在“边园”的建筑中实现“元非元”的“含混”及其修辞操作。

通常，“台基”都是一个坚实的实体，起着承载上部建筑的作用。这一点在佛光寺所代表的中国传统建筑中自不待言，即使伍重极度抽象的“基座—屋顶”范式图解或者说剖面格局(parti)已经将柱子抽离，“台基”仍然呈现为坚实的体块。同样，在作为森佩尔“建筑四要素”之雏形的加勒比原始棚屋中，建筑为轻质的热带竹构，“基座”的实体

20　柳亦春：《台基、柱梁与屋顶——从即物性的视角看佛光寺建筑的3个要素》，《建筑学报》2018年第9期，第11-18页(引自第12页)。

感似乎也有所减弱，但是与真正片状的围合元素相比，它仍然是体块状的。这一切都符合我们对“亼中口”的认知，也是柳亦春自己的金山岭上院禅堂设计方案所表达的。然而“边园”的有趣之处就在于，从“因借体宜”的策略出发，设计能够从场地获取和利用的只是一个片状的钢筋混凝土墙面，而不是一个体积状的台基，而且在原有的使用功能上，这个钢筋混凝土挡煤墙承受的是侧向受力关系。尽管某种意义上，这个“侧向”的力量在“边园”的“园非园”操作中已经转化为朝向江面的公共活动场地的“压力”与隐藏在墙背后的“园林”之间的关系，但是诚如柳亦春所言，“一段时间以来对很多事情的思考(在我看来，这些思考与其说是‘园林’方面的，不如说是‘亼中口’方面的——引者注)汇集为一个坚定的想法，那就是要把这堵长长的坚实的混凝土墙作为继续建造的基础，就是那种具有地基意义的基础，或者是一个基座。”[21]换言之，原本在“口”层面起着挡煤的围合作用的钢筋混凝土墙将转化为“亼”层面的承载上部建筑荷载的基座。

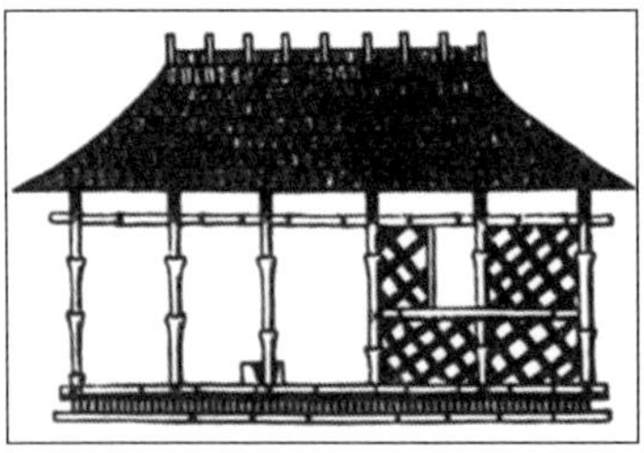

森佩尔：加勒比原始棚屋立面

大舍：金山岭上院禅堂设计方案

这意味着将混凝土墙的侧向受力的原有意义“悬置”起来，并且赋予其竖向受力的新意义。如果按照“台基、梁柱、屋顶”的“元级建筑”思维，这种转化顺理成章。但是很显然，将上部结构坐落在一片独立墙体上，重要的不仅是竖向荷载，而且更重要的是剪力(当然还有屋顶承受的风荷载)。这就不可避免改变“梁柱”和“屋顶”与“台基”之间的固有模式，将“亼中口”的静态稳定转变为动态稳定。作为一种回应，“边园”的建筑也呈现出与金山岭上院禅堂设计方案对“亼中口”的“直白”表达相比更为“含混”或者说“暧昧”的特质。在此，柳亦春与张准的合作相得益彰，它将整个上部结构变成一个“悬置”在钢筋混凝土墙上的钢结构“长筒框”(也就是那个位于二层的长长

边园：混凝土墙与上部建筑

21 柳亦春：《重新理解“因借体宜”——黄浦江畔几个工业场址改造设计的自我辨析》，第34页。

的长廊），而对于这个“框”来说，真正起到结构支撑作用的是在朝向江面一侧的混凝土墙上直挑出来的钢梁组合梁，另一侧除了“望江亭”部分有同样的钢结构组合梁之外，则是斜挂在钢结构“框”上的既具有一定的结构平衡作用又看似漂浮在“园林廊道”上方的屋顶。整体而言，这是一个只在与作为“基座”的混凝土墙面连接处呈现“挑梁”而让“柱”消失的结构。如果仍然还有事实上存在的柱的话，那么它们也已经转化为柳亦春梦寐以求的看似几乎不具承重作用而更像边框的细柱。一定程度上这也可以解释柳亦春为什么将直挑梁设计为由方钢焊接的组合梁，而不是通常使用的型钢梁。是的，“边园”令人玩味之处正在于此——通过一系列煞费苦心的“修辞”实现“梁非梁”“柱非柱”“座非座”“墙非墙”乃至“元非元”的建筑“含混”。

04 结语

“边园”似乎再一次说明，当建筑思辨达到一定力度和复杂性，“手法主义”固有的“含混”便不可避免——我相信，这也是《建筑的复杂性与矛盾性》将作为复杂形式的“手法主义”视为一切“艰难艺术”（difficult arts）之共有属性的原因。值得一提的是，《建筑的复杂性和矛盾性》问世将近40年之后，文丘里将这部著作的核心思想总结为“对意识形态的纯洁性、极少主义美学以及晚期现代主义的单调重复做出的革命性反抗”（a revolutionary reaction to ideological purity and to the minimalist aesthetic and modular consistency characteristic of late Modernism），而此时的文丘里已经通过“向拉斯维加斯学习”走上一条将建筑彻底视为“装饰的蔽体”的道路。[22] 不过即便如此，他仍然宣称自己是“手法主义”的忠实信徒。在他看来，“我们时代的手法主义建筑”（a mannerist architecture for our time）已经成长为一种“建筑作为符号的新手法主义”（a new mannerism for architecture as sign），它试图“以非含混的方式致力于含混”（engaging ambiguity unambiguously）。

换言之，晚期文丘里的“手法主义”就是一方面接受“建筑作为符号”的“常规秩序”（conventional order），另一方面则试图打破符号的常规性使用方式，以取得语义的“含混”。尽管这样的策略也会

22 Robert Venturi and Denise Scott Brown, *Architecture as Signs and Systems: For a Mannerist Time*, (Cambridge, Mass. and London, England: The Belknap Press of Harvard University Press, 2004), pp.7-8.

产生一些柯林·罗在评论文丘里1970年的耶鲁大学数学楼设计竞赛方案时所说的“机灵”(wit)，[23]但是总体而言，文丘里后期作品的符号化和装饰化是导致《建筑的复杂性和矛盾性》倡导的“艰难艺术”的思辨品质在他自己的建筑作品中荡然无存的原因。所幸的是，出于自己对建筑学的理解和信念，柳亦春没有走向文丘里的“新手法主义”，他仍然试图将自己的诉求维持在早期赫佐格-德默隆的戈兹美术收藏馆那样的水准——只是，这样的水准在此后的赫佐格-德默隆作品中越来越少，取而代之的是当代建筑师普遍追求的夸张形式和标志图像(iconic image)。在我看来，这是“边园”让我们能够对柳亦春今后的建筑发展继续抱有信心的一个理由。

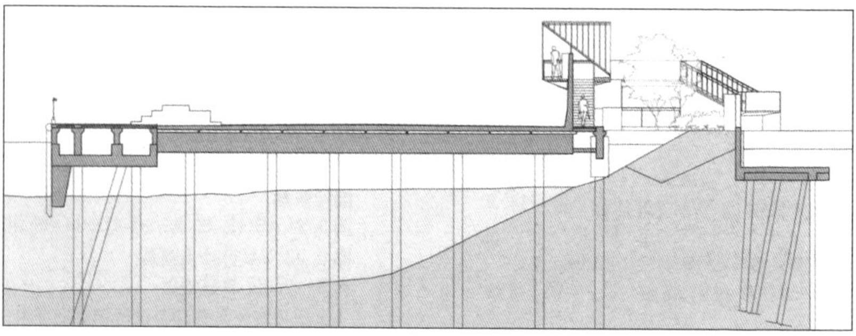

边园及场地纵向剖面图

具体环境中的边园以及建筑师努力下得到保护的大树

23 Colin Rowe, “Robert Venturi and the Yale Mathematics Building Competition,” in *As I Was Saying: Recollections and Miscellaneous Essays*, Vol.2, Edited by Alexander Caragone (Cambridge, Massachusetts and London, England: The MIT Press, 1996), p.87.

9

池社中的数字化与非数字化

再论数字化建筑与传统建筑学的融合[1]

1　最初发表于《时代建筑》2017年第5期（总第157期）。

01 池社中的数字化

进入21世纪，随着计算机技术的迅猛发展，数字化对建筑学产生了巨大影响。编程、算法、参数化形式生成、性能、动态属性、3D打印、数字产业化已经成为人们耳熟能详的术语，也在一定程度上代表着不同的研究领域和发展方向。在这股方兴未艾的数字化建筑浪潮中，同济大学袁烽教授近十年来的数字化建筑研究一直以数字化建造的探索而著称。无论是早期的J-Office厂房改造中借助“模板尺”砌筑的“绸墙”，或者成都兰溪亭的“涟漪墙”，还是新近完成的成都竹里项目，以及2017年“上海数字未来”系列活动中号称全球第一组3D打印步行桥，通过数字化手段介入以建造为导向（当然其最终目标也许是数字建造的产业化）的设计过程，就成为袁烽教授及其团队的“新唯物主义”（new materialism）数字化建筑之路的最大特点。这些项目不仅使用了数字化技术特有的新材料，如同济3D打印步行桥使用的改性塑料（modified plastic），还对传统建造材料进行了诸多尝试，如J-Office和兰溪亭项目中的砖的数字化建造，Fab-Union Space中的混凝土数字化建造，以及在苏州举办的江苏省园艺博览会现代木结构主题馆和成都竹里项目的钢木材料组合的数字化建造。这种对数字化建造（而不仅是形式生成）的关注和研究正是笔者此前论上海徐汇滨江西岸Fab-Union Space一文最后强调的。[2] 当然，与Fab-Union Space不同，本文论述的同样位于西岸的池社艺术馆的不同凡响之处在于，它在延续从“绸墙”开始的砖的“数字化建造”（其实是数字化生成的非线性曲面墙体的人工建造）的探索进程中，实现了除钢筋铺设和勾缝之外的机器人数字化在场砌筑建造的首次尝试。

上海西岸Fab-Union Space

苏州园博会
现代木结构主题馆施工现场

成都竹里

将池社艺术馆称为一个“数字化建筑”也许不十分恰当，因为这个所谓数字化砌筑建造充其量只是整个池社项目的一部分，而且它

2 王骏阳：《从“Fab-Union Space”看数字化建筑与传统建筑学的融合》，《时代建筑》2016年第5期（总第151期），第90-97页。

也只是一堵依附于艺术馆主体结构的自承重非结构性砌体。这种依附关系令人想起路易 · 康的埃克塞特图书馆（the Exeter Library）。为实现钢筋混凝土时代的砖砌体结构（而不仅仅是砖饰面），康将埃克塞特图书馆设计为两种不同结构的组合：它的主体是一个钢筋混凝土结构的中庭和书库，外围一圈的阅览空间和研究室则是依附于钢筋混凝土主体结构的砖砌体结构。通过这一策略，康实现了一个具有建筑空间的砌体结构，尽管这个结构必须依附于主体结构才能真正成立。与之类似，池社的砖砌体墙面同样必须依附于主体结构，但却只是一个没有建筑使用空间的砌体。

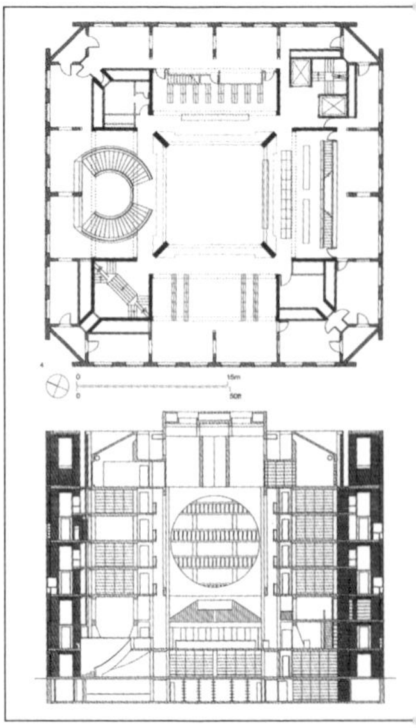

康：埃克塞特图书馆平面图和剖面图

另一方面，池社设计者孜孜以求的“非线性砖构折叠”以及对“传统建筑中横平竖直的概念”的突破其实也早有先例，最为著名的案例当属乌拉圭建筑师艾拉蒂奥 · 迪埃斯特（Eladio Dieste）的基督圣工教堂（Church of Christ the Worker）。令人惊奇的是，这座1958—1960年间建成的教堂完全以手工借助于施工支架内部的控制线砌筑而成。它在一个看似简单的矩形平面基础之上，让墙体呈正弦曲线形状，波浪状的起伏随高度的增加而逐步加强，在墙体顶部达到最大幅度。如此形成的砖砌墙体不仅自身结构稳定，而且支撑着连续的双曲拱壳屋顶。埋设在屋顶波谷处的钢连杆两端固定在向外挑出的边梁上。曲面的墙与屋顶貌似形式复杂，却异常简洁地交汇于同一个水平面内。[3] 与之相比，池社的数字化砖砌体墙面再次突显出它的非结构性，它以背后的钢架与建筑主体连接，并通过砖层之间的钢筋增加自身的强度。

迪埃斯特：基督圣工教堂曲面墙体

基督圣工教堂的曲面墙体施工

3 斯坦福 · 安德森：《艾拉蒂奥 · 迪埃斯特：结构艺术的创造力》，杨鹏 编译，同济大学出版社，2013，第50-51页。

它的作用至多只是为这个规模不大的艺术馆增加了一个富有识别性的建筑尺度的立面“装饰”而已。

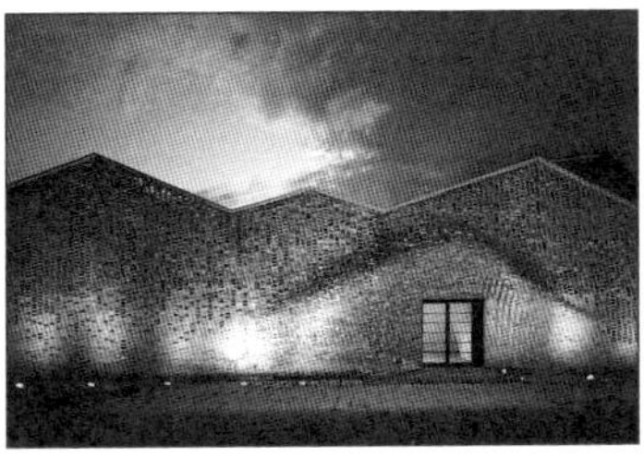
池社：曲面墙体外立面

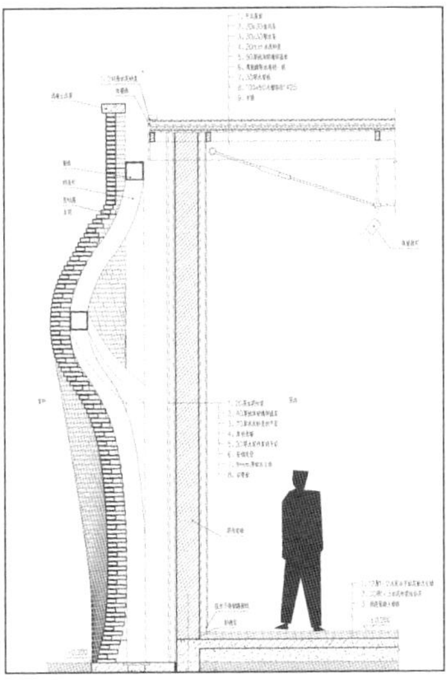
池社：漆面墙体与主体建筑关系详图

机器人现场砌筑图解
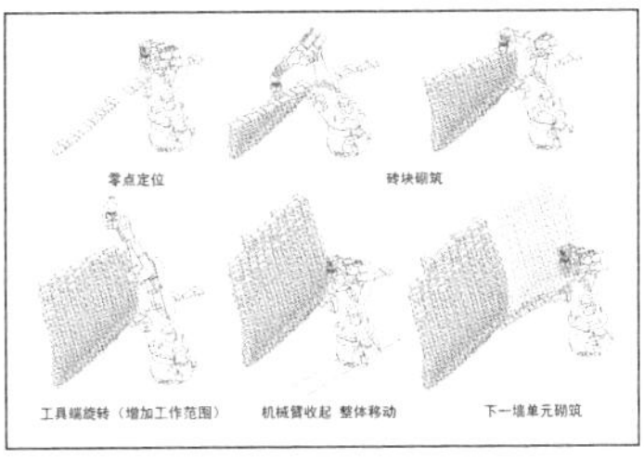

尽管如此，如果池社的砌体砖墙仍然可以作为对当代建筑学发展的某种贡献，那么这一贡献无疑在于它对“机器人现场建造”这一实验性命题所承载的数字化建筑学的探索。在这里，不仅传统的“二维图纸”被一个集概念生成、模拟优化以及建造实现为一体的“数据模型”所取代，而且传统的砖砌筑方式也在很大程度上让位于机器人智能建造，或者更准确地说是人机协作的智能建造。根据数字化技术下的数据模型，机器人抓手在人工完成墙体背后的支撑钢架，以及每隔五个砖砌层设置拉筋之后，对抓取的砖块自动涂抹灰浆，并在横向3米的范围内进行砌筑。特别研发的机器臂抓手能够精确定位被抓取的每块砖的中心点，及时反馈给电脑，保证与数字模型砖块中心点的吻合度，将砖块本身的尺寸误差消化在砖缝的大小之中。经过一个月左右的“人机互动”施工，一个由经过筛选的邻近拆除建筑的废旧砖组成的、具有褶皱肌理的砖构折叠墙体呈现在人们面前，其富有张力的曲面凸起“浑然一体”地将艺术馆入口雨棚的实用性需求融合在非线性的形式处理之中。与此同时，立面风荷载的性能化运算及其随机模式下产生的“卸载”孔洞分布（窗户外有序排布的孔洞除外）又为整个墙体平添了几分趣味。

不可否认，池社的这堵“数字化墙体”远没有实现完全的“智能建造”，仍然需要相当程度的“人机协作”，其中包括每一块砖砌筑之后通过人工及时刮除突出的灰浆，以及在整个墙面砌筑完成之后的整体勾缝，但是整体的设计和施工方式已经发生了本质性的甚至可以说是革命性的变化，传统建筑图纸对施工的指导也“已经部分升级为代码数据对于机器人的‘动态控制’以及机器人‘视觉系统’对模型数据的动态反馈流程”。[4]技术发展总是从低级到高级，从人类设想的最初实现到精致复杂的成就。就此而言，无论池社设计者努力追求的数字化智能建造还有多长的路要走，我们都有理由相信，在计算机和人工智能技术迅猛发展的大背景下，随着袁烽团队在性能化建构、机器人建造、建筑产业化智造等领域综合研究的持续深入，不仅可以在可预见的未来实现“智能化建造”的更大跨越，而且能够改进和克服池社机器人智能砖墙砌体在空间和结构方面的不足，向“将建筑、结构、水、暖、电、暖通等工种作为不同元素整合到一个动态的‘新唯物主义’营造系统之中”[5]的目标进一步迈进。

02 池社中的非数字化

然而，如果这就是池社能够告诉我们的，那么它并不是一个真正值得我们在建筑学层面进行反思的案例。正如已经指出的，池社的数字化墙体充其量只是整个池社项目的一部分，而池社艺术馆的主体则与所谓数字化建筑完全无关。一方面，作为一个前身是龙华飞机修理厂配套用房的改造项目，它需要最大限度地保留原有场所的特质和工业文化内涵；另一方面，它又需要为艺术团体“池社”在西岸文化艺术示范区提供一个复合性质的艺术空间，在有限的面积内叠合展示、储藏、研讨、聚会交流等多重功能内容。设计者的基本策略是保留原有建筑的外围墙体及其山墙轮廓，通过基本的性能改善和结构加固获取最大化的展厅空间，同时在原有平面的一端增加楼梯和夹层，形成可用于研讨和聚会交流的空间。屋面结构被替换为更加轻质有效的张拉弦木结构屋顶，但是局部屋面被压低，以形成一定的北向采光面。与此同时，夹层部分的屋顶轮廓被“顺势”拉高，以获得具有足够高度的内部使用空间和充分的室外景观。为满足艺术品展示对墙面的要求，原有建筑外围墙体的内侧需要覆盖单层木工板和双层石膏板，

池社：室内

4　袁烽、胡雨辰：《人机协作与智能建造探索》，《建筑学报》2017年第5期（总第584期），第24-29页（引自第25页）。
5　袁烽、闫超：《“新唯物主义”营造：从图解思维到数字建造》，《时代建筑》2016年第5期（总第151期），第6-11页（引自第10页）。

利用这一要求，在入口墙面另一侧的展墙与原有墙体之间形成具有储藏功能的夹层空间。

这是一个几乎不能再简单的美术馆设计。但是，如同袁烽团队数字化建筑实践方面的其他案例一样（西岸的Fab-Union Space、成都的竹里等），正是它的“非数字化”设计赋予了整个项目应有的完整品质，无论这种品质是空间的、结构的、内容设置的（programmatic），还是形式的，从而也在很大程度上弥补了仍然处在实验阶段的数字化建筑的诸多不足。这样一种“数字化建筑”与“非数字化建筑”的结合是在数字化建筑仍然因其不够成熟而无法“一统天下”的情况下的不得已为之，还是可以说明更多的问题？在本文有限的空间内，让我们尝试从两个不同但彼此相关的层面进行一个简单的思辨。

首先，如果我们同意袁烽教授的观点，数字化设计的实质就是“图解”操作，“其核心的内在属性则是逻辑、联系、运转及衍生”，[6]而“规则化的图解思维”从现代主义向数字化转变的关键又是从维特科尔到柯林·罗、艾森曼再到格雷戈·林的形式图解的话，[7]那么柯林·罗《理想别墅的数学》（The Mathematics of the Ideal Villa）一文结尾部分的一段话便十分值得玩味。就在运用维特科尔分析帕拉第奥别墅平面的抽象图解对帕拉第奥的马尔肯坦达别墅（Villa Malcontenta）和柯布的加歇别墅（Villa à Garches）作出一番形式比较分析，以及对帕拉第奥和柯布在比例/数学、古典先例和人文理想等问题上的态度之异同进行阐述之后，柯林·罗突然笔锋一转，以如下这段话结束了整篇文章：

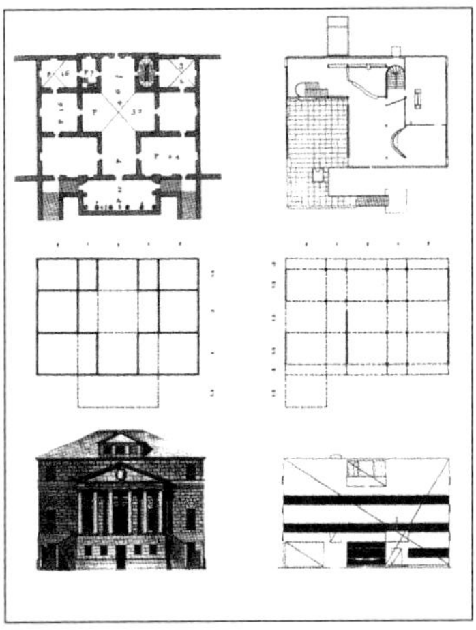
柯林·罗：帕拉第奥的马尔肯坦达别墅与勒·柯布西耶的加歇别墅之平面和立面比较

> 过去，新帕拉第奥主义别墅只是英式花园中诗情画意的点缀而已，现在，勒·柯布西耶又成为人们争相效仿的对象和炫耀技巧的范本；但是，新帕拉第奥主义和“柯布风”作品缺少的正是原作的非凡品质。两者的差异无需多说；需要简要指出的只有一点，在这些效仿的案例中，真正缺失的也

6 袁烽：《从图解思维到数字建造》，同济大学出版社，2016，第10页。

7 同上，“形式图解”一章。

许是对“法则”（rules）的遵从。[8]

柯林·罗这里的“法则”指的究竟是什么？是由维特科尔开拓的比例和平面抽象图解原则吗？如果是，那么任何一个仿制品试图模仿这样的“法则”岂不易如反掌，而柯林·罗所谓仿制品缺少的“原作的非凡品质”又是什么？是《理想别墅的数学》篇头引述的雷恩勋爵（Sir Christopher Wren）所谓的作为“天然美”（natural beauty）之对立面的“习惯美”（customary beauty）吗？雷恩认为，“天然美源自几何的统一，即均衡和比例。习惯美则在使用中产生，就如因为熟悉而爱屋及乌一样。”但是很显然，尽管引用了雷恩，柯林·罗《理想别墅的数学》一文试图说明的恰恰是一个相反的观点：不同于雷恩“错误极有可能在习惯美中产生，只有天然美或几何美才是真正的检验标准”的论断[9]——当然因此也不同于维特科尔的比例和图解原则，以及从艾森曼到林的图解性形式生成，罗看重的反倒是“习惯美”在设计中的积极作用。用罗后来的表述来说，重要的是“才华”（talent）和“教养”（education）。[10]换言之，如果说传统建筑学的核心在于培养应对各种建筑学基本问题的能力的话，[11]那么“才华”和“教养”则是这一能力的基础，它们并非完全依靠“天赋”，而是可以通过建筑学教育予以激发和培养。这一点之所以值得强调，是因为在笔者看来，袁烽团队迄今完成的“数字化”建筑作品的品质在很大程度上正是来自其设计者之前在传统建筑学教育中培养起来的应对各种建筑学基本问题的能力，以及与之必然相关的“才华”和“教养”。

这就为第二个层面的思考提供了线索。在袁烽团队的研究中，澳大利亚工程院谢亿民院士的“渐进结构优化法”一直发挥着重要作用。这一方法已经广泛应用于与各种工程领域相关的数字化设计之中。但是，作为这一方法的开创者，谢亿民院士可能并非在具体设计领域运用这一方法的最佳人选。至少在袁烽团队的项目中，这一方法的运用，以及在多大程度上运用呈现出因建筑学诉求而产生的克制，

---

8 Colin Rowe, *The Mathematics of the Ideal Villa and Other Essays* (Cambridge, Massachusetts and London, England: The MIT Press, 1976), p.16.

9 Ibid., p.2.

10 Colin Rowe, "Ideas, Talent, Poetics: A Problem of Manifesto," in *As I Was Saying: Recollections and Miscellaneous Essays,* Vol.2, Cornelliana, ed. by Alexander Caragonne (Cambridge, Massachusetts and London, England: The MIT Press, 1999), pp.277-354 (specially p.280 and p.308).

11 在柯林·罗后半个教学生涯所在的康奈尔大学的建筑学教育中，这一能力也被称为一种“语言”能力，尽管这是一种极易引起误解的表述。见Andrea Simitch and Val Warker:《建筑语言&法则》，吴莉君 译，原点出版，2015。

或者说把握分寸和拿捏的能力。Fab-Unioin Space中间那个有结构作用同时作为空间穿越和室内造型之“灵魂”的混凝土墙体就是设计者形式把握和拿捏能力的一个有力证明，也是传统建筑学能力的一个杰出体现，且不说这个墙体乃至整个建筑的建造采用的基本都是传统方法这一事实。

这或许是一个极具争议的思辨：一个按照非数字化/传统建筑学标准缺少设计能力甚至能力很差的人，在掌握甚至是精通了数字化技术及其各种工具之后，能否做好设计？要回答这个问题并非易事，因为这马上涉及什么是好的设计的问题，注定说来话长。但是，如果回答是肯定的，那么我们完全有理由相信，即使现在的数字化建筑学还处在初级阶段，还不足以一统天下，但是在可预见的未来，在它达到自己的高级阶段之后，完全可以取而代之，让传统建筑学寿终正寝。如果回答是否定的，那么我们就有理由思考，在数字化建筑学已经被认为代表着未来，甚至“未来已经到来”之时，非数字化/传统建筑学还能为这个未来贡献什么？同样的理由也适用于所谓“数字化建造”。这是因为，如果3D打印和机器人智能建造代表着数字化建造的未来，那么3D打印和智能建造什么（比如池社的废旧砖建造）显然并非数字化本身可以解决的问题。说到底，数字化建筑的意义真的只是让我们有可能实现那些看起来匪夷所思的形式吗？

Fab-Union Space“渐进结构优化法”墙体

Fab-Union Space施工现场与手工模型

03 数字化时代的非数字化建筑学

据报道，苹果公司CEO蒂姆西·库克（Timothy Cook）最近在麻省理工学院毕业典礼上表示，无需担心人工智能会让电脑拥有人类的思维能力；需要担心的是人类像计算机那样思考问题——摈弃同情心和价值观，并且不计后果。库克这个观点无疑道出了技术单向发展的不可取，以及将技术发展与人类基本价值观相融合的必要。在库克看来，只有这样的融合才能真正利用科技造福人类。如果我们用同样的观点看待建筑学中滚滚而来的数字化发展，那么我们也许可以说，除了对建筑学同样至关重要的人类基本价值之外，传统建筑学能够为建筑师培养的应对各种建筑学基本问题的能力以及与之相关的“才华”和“教养”(包括良好的形式感)仍然是数字化未来不可或缺的——至少在建筑设计层面如此。我们需要做的，不是在数字化建筑声势浩大的浪潮中放弃传统建筑学，而是将它与数字化建筑更好地融合。

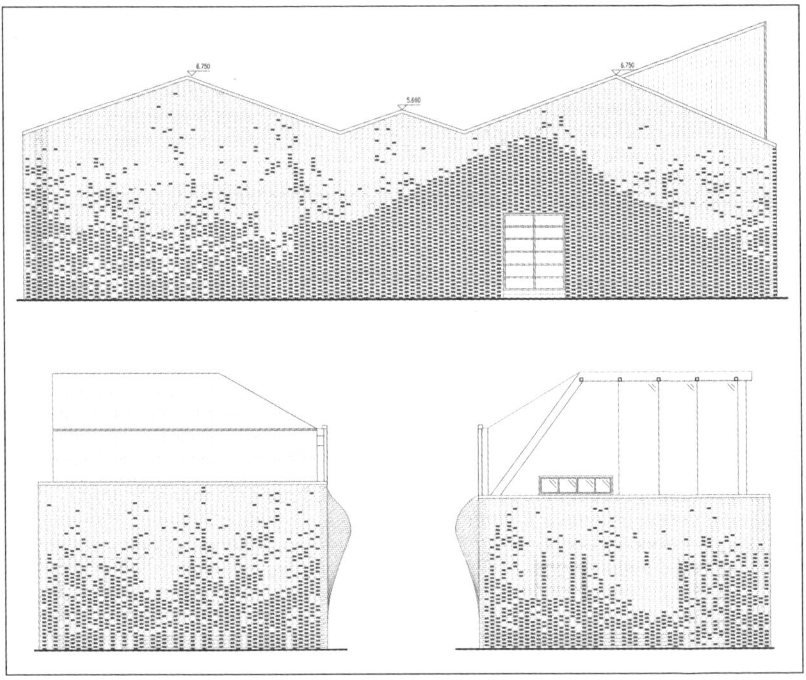

池社：墙体详图

正在施工中的机器人砌筑

10

再访柏林

关于一座欧洲城市的参观笔记[1]

1 最初以《再访柏林》为题分上、下两部分发表于《建筑师》1999年8月第89期和2000年6月第94期，录入本文集时有修改。

柏林：1980 年代（近景为柏林墙与东柏林无人区）

从20世纪80年代中期至今（指本文写作的1999年），我已是五访柏林。作为一个城市，柏林对我有如此大的吸引力是我自己始料不及的。记得第一次去柏林的时候还是1984年。那时我正在瑞典读研究生课程，学校二年级的本科生组织去柏林参观，我就跟着一起去了。那时的柏林还处在冷战时期，东、西柏林以柏林墙严格分开。我们一行人住在西柏林，而有相当一部分参观却在东柏林。从西柏林到东柏林，人们须经过签证检查关口，来去如同跨越国界（事实上也正是如此）。

初访柏林，以看建筑为主，除了当时已经初具规模的柏林国际建筑展览会（Internationale Bauausstellung，简称IBA），还包括从德国18至19世纪伟大的新古典主义大师辛克尔（Karl Friedrich Schinkel）到20世纪早期现代主义建筑经典之作等一系列内容。柏林给我的印象是深刻且新奇的。此后我也去过世界上的许多其他城市，但我对柏林却一直情有独钟，四次再访，柏林是我未曾居住过的城市中去的次数最多的城市。说实在的，柏林远不是世界上最美丽的城市，也不是任何被联合国教科文组织列为保护对象的世界奇迹或文化遗产的所在地，更没有吸引游人的海滨沙滩。记得在第四次去柏林前我曾与一位多年不见的老熟人谈起此事。此君问我："你去过埃及吗？你去过威尼斯吗？"言下之意，那样的名胜古迹才是值得一看的。埃及的金字塔我没游览过，威尼斯倒是去过的，不过却因为不堪忍受大街小巷塞满来自世界各地的旅游者而只在圣马可广场和几条小运河边拍了些照片就匆匆离开了，甚至连在大学读西方建筑史时就憧憬过的圣马可大教堂也没进去瞻仰一番。我不是世界建筑文化遗产的憎恨者，我也曾近似朝圣般地到雅典去看帕提农神庙，到罗马看万神庙、斗兽场和圣彼得大教堂，到巴黎看罗浮宫和凡尔赛宫……然而，随着时间的推移，我对作为文物来保护或作为博物馆来展示的建筑遗产的热忱却逐步让位于对作为历史发展之载体的城市变迁的兴趣。每次到柏林我都有一种为之震撼的感觉，这里辉煌和灾难并存，历史和现实同在。其实，我们生活的世界又何尝不是如此呢？只不过这一切在柏林显得异常集中和尖锐罢了。这，我想大概就是我一再重访柏林的原因所在吧。

01 历史、城市与建筑

在欧洲和世界城市之林中，柏林的历史并不算悠久。13世纪前它还是施普雷（Spree）河边的一个小镇，1237年正式建城。1307年合并原有的柏林和科尔恩两部分后，正式取名柏林。1415年成为勃兰登堡侯国的首府。1701年起成为普鲁士王国京都，从此开始了它从一个乡村封建侯国的都城到现代都市的转变。首先，柏林在其中世纪老城的西侧建造了一系列新区，它们采用巴洛克式的网格系统，力求气势宏大，其主要部分是至今犹存的弗里得里希城区（Friedrichstadt）。新区的建造将早先柏林以城墙为界限的城市范围向西南方向大为扩展，同时形成了在后来的柏林城市中占有重要地位的三个公共性广场。它们是圆形的美盟广场（Belle-Alliance Platz），八角形的莱比锡广场（Leipziger Platz）和正方形的巴黎广场（Pariser Platz）。作为这三个广场主体的分别是哈莱仕门（Hallescher Tor）、波茨坦门（Potsdamer Tor）以及勃兰登堡门（Brandenburg Tor）。时至今日，勃兰登堡门不仅是这三座城门而且也是柏林所有古老城门中唯一幸存者。它于1788—1791年间根据建筑师朗汉斯（Carl Gotthard Langhans）效仿雅典城门的新古典主义方案修建，后历尽沧桑，成为德国统一的象征。在勃兰登堡门建成后的一段时期内，其他一系列重要的新古典主义风格纪念性建筑也相继落成，其中以辛克尔设计的国家剧院（Schauspielhaus）和老博物馆（Altes Museum）、斯丢勒（Friedrich August Stüler）设计的国立美术馆（Nationalegallerie）等最为著名。另一方面，一度任普鲁士皇家园林总监的林奈（Peter Josef Linné）对柏林的城市绿化作了新的规划，其中包括对后有柏林城市“绿色心脏”之称的原皇家狩猎封地蒂尔加登（Tiergarten）公园和动物园的重新设计建造。林奈的设计保留了早先的蒂尔加登设计师科诺贝多尔夫（Georg Wenzeslaus von Knobeldorff）设计中的“巨星圆盘”（Grossen Stern）和正对勃兰登堡门的树林大道。人们今天看到的耸立着为纪念普法战争胜利而建造的凯旋柱（Siegessäule）的交通转盘和车水马龙

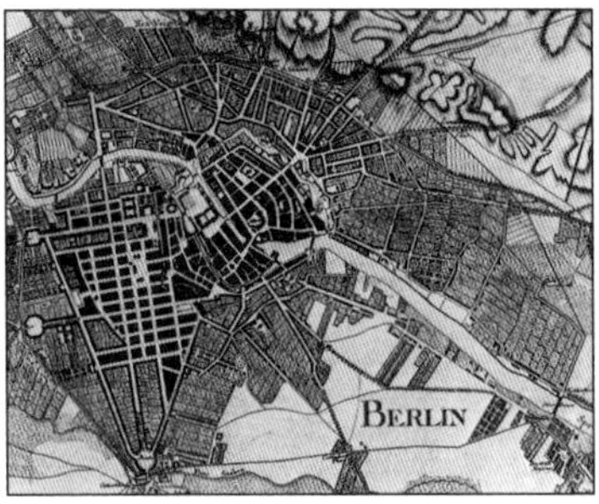

1802年柏林地图

20世纪初的柏林议会大厦及凯旋柱

的六月十七日大道就是在它们的基础上演变而来的。

19世纪的辛克尔和林奈时代也正是柏林的资本主义工业和经济迅猛发展的时代。1871年普鲁士在其“铁血首相”俾斯麦的领导下通过对丹麦、奥地利和法国的战争统一了德国，柏林成为德意志帝国的首都，更使这种发展达到了前所未有的高潮。到20世纪初，柏林已在工业、经济和城市建设方面赶上伦敦、巴黎和纽约的领先地位而成为代表政治、经济和文化另一个中心的世界性城市。这期间柏林不仅建造了大量的道路、桥梁、地铁和车站建筑，而且完成了位于中世纪皇城和勃兰登堡门之间的菩提树下大街（Unter den Linden）这样闻名于世的林荫大道，其两侧的商业和文化建筑在当时都是一流的。原先以波茨坦城门为主体的波茨坦广场和莱比锡广场也成为繁华的商业中心，由此通向柏林的另一个中心亚历山大广场（Alexanderplatz）的街道上，豪华的办公楼、百货大楼和旅馆建筑如雨后春笋般地出现。当然，在近代柏林的发展变化中最先形成的弗里得里希城区也不甘落后，其主要商业街道的面貌在短短的一、二十年的时间内焕然一新。（这与近十年来上海的情况颇为相似，只是今天的上海建设速度更快、规模更大。）这一时期出现了保尔·瓦洛特（Paul Wallot）设计的、后在纳粹国会纵火案中被烧毁的新国会大厦等一批具有代表性的折衷主义风格建筑。

工业和经济的发展使柏林的人口剧增。从1845年的38万到1900年的270万，其人口增速可谓惊人。随之而来的是住房以及城市土地的极度紧张。1861年土地勘测师和建筑师詹姆斯·霍布莱希特（James Hobrecht）提出的“霍布莱希特规划”虽然保留了大部分的林奈城市绿化大道，却未能抑制城市居住环境的恶化发展。相反，它的巨型街块格局在很大程度上成为19世纪末和20世纪初柏林恶劣居住环境的典型代表，在这种沿街公寓楼围合而成的周边式大院里充斥着大量采光和通风差、供多户分租的简易住宅（也就是德语中所谓的Mietskaserne）。正是在这种情况下，受英国花园城市运动影响的一代建筑师们提出了郊外自足式小型社区的设想。保尔·施密泰纳（Paul Schmitthener）设计的斯达肯花园小区（Gartenstadt Staaken）就是其中较为著名的一例。稍后，以布鲁诺·陶特（Bruno Taut）等为代表的现代主义建筑师借助魏玛共和国的社会改革计划于20世纪20年代末设计建造了布里兹（Britz）小区和“汤姆大叔的小屋”（Onkel Toms

Hütte)等花园式社会住宅小区。前者因其马蹄形中心建筑又得名“马蹄居住区”(Hufeisensiedlung),而后者采用的则完全是行列式的布局。它们尺度宜人,一片绿荫葱葱。同样的行列模式也在1926年被另一位现代运动的建筑师希尔伯塞默(Ludwig Hilberseimer)用在他那虽未实施,却因与原有城市肌理大相径庭而常遭后人非议的柏林市中心改造方案之中。

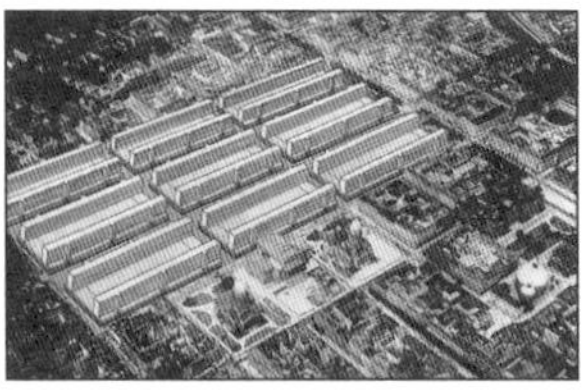

希尔伯塞默:柏林中心改造方案

柏林是现代建筑设计和思想的摇篮之一。贝伦斯为德国通用电气公司设计的透平机制造车间、门德尔松的哥伦布大厦(Columbus Haus,二战中被毁),以及由密斯设计但未实现的柏林国家银行方案和弗里得里希大街玻璃摩天楼方案都是现代建筑历史上划时代的作品。但是,柏林现代建筑的发展不久即为纳粹政权中断。第三帝国崇尚超尺度古典风格的建筑,而把现代建筑斥为病态和颓废。在城市规划设计方面,希特勒将18世纪普鲁士王朝以来的大柏林思想推向极致。按照希特勒御用建筑师阿尔伯特·斯皮尔(Albert Speer)的规划,柏林将成为世界上最为辉煌的权力中心,其主要表现就是20世纪初马丁·梅西勒(Martin Mächler)规划中就曾有过的南北轴线。在柏林的地图上,这条轴线被定在弗里得里希城区以西不远处。它从南端的火车站广场,经凯旋门等至北端体量超过罗马圣彼得大教堂数倍的穹窿大殿(Die Grosse Halle)结束,全长4.2英里(约6759.2米),是巴黎香榭丽舍大道长度的两倍。不过,与梅西勒的规划不同,斯皮尔设计的这条轴线与城市的交通组织并没有多少关系而属纯纪念性的。按照希特勒的要求,它将使罗马帝国的都城罗马黯然失色,使所有的来访者震悚。

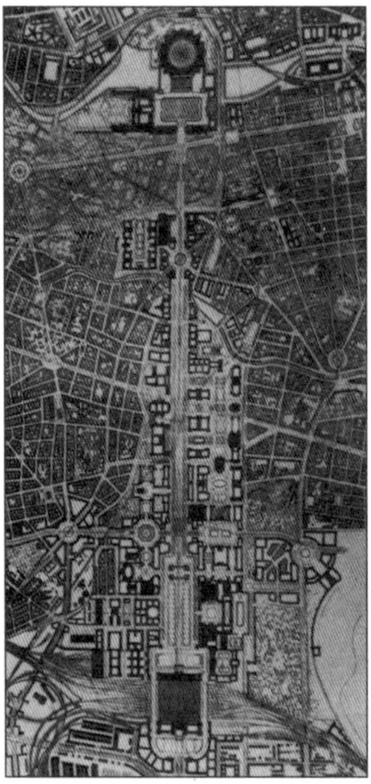

斯皮尔:柏林轴线规划

希特勒的大柏林之梦随同第三帝国的灭亡而化为乌有。在盟军的狂轰滥炸之下,战前繁华的柏林城成为一片废墟,三分之一的建筑被毁,部分地区几乎被夷为平地。其后的冷战时期带给柏林的则是柏林墙和分裂。虽然在二战刚结束的1946年,汉斯·夏隆(Hans Scharoun)就为整个柏林的重建做了规划,并且在1950年代末,东、西柏林都分别举行了以柏林共同中心为主题的“首都柏林”(Hauptstadt Berlin)设计竞赛，但分裂的现实还是使东、西柏林的建设在不同的意识形态和技术条件下各行其道。在东柏林，依据“社会现实主义”的原则建造了斯大林大道(Stalinallee)，而共和国宫和电视塔的修建，以及亚历山大广场的重建则力图树立东德首都的新形象。在西柏林，有1957年和1987年两次国际建筑展览会、夏隆设计的柏林爱乐音乐厅和以国立图书馆为主体的文化论坛广场(Kulturforum)等具有国际影响力的建筑事件。就对城市面貌起决定作用的大量住房建设而言，东柏林奉行的是严格的工业化和标准化政策；相比之下，西柏林的实际工业技术虽然更高，其新住宅反而变化较多。麦基西小区(Märkisches Vietel)就是1960至1970年代西柏林住宅建设中较为著名的实例之一。

冷战时代的结束和柏林墙的消失使东、西柏林分裂的物质界线不复存在，尽管四十余年的隔离所造成的实质性差异是深刻而巨大的。1990年10月德国重新统一，柏林又成为德国首都。统一后的柏林应该如何建设，这是近十年来一直为人们关注的问题，也是本文将要涉及的问题。不过，让我们还是先从一些别的但并非无关的话题说起。

02“柏林墙作为建筑”

在当代世界建筑师之中，或者更准确地说，在当代对于建筑和城市的思想者之中，荷兰建筑师雷姆·库哈斯(Rem Koolhaas)当属最具挑战性而又最发人深省者之列。具有挑战性的是他对建筑思想界“正统”思维方式的质疑，无论这些思维方式是以“历史价值”或“文脉主义”的常用语言，还是以海德格尔哲学的面貌出现。在人们以一种怀旧的心态大谈场所和可识别性之失落的时候，他毫不回避地面对那些形成20世纪都市文明的众多力量。而发人深省的则是他在接受20世纪城市发展之现实的同时，努力思考和挖掘事物新维度的策略。他在庸俗中看崇高，在恐惧中看希望，在精神分裂式的城市状态中看理性。他在弥漫的都市原野中寻找隐藏的规律，在当代变化无常的世界中探索潜在可能性。无论是他1970年代的成名著作《癫狂的纽约》(*Delirious New York*)，还是近年来以新加坡等东南亚新兴城市为蓝本的《通属城市》(*The Generic City*)，都充分显示了库哈斯思想中的这些特性。然而，纵观库哈斯现代都市思想之旅，它的起点既不是纽约也不是别的什么，而是本文的主题——柏林。事情还得回到库哈斯在伦敦建筑联盟学院（Architectural Association School of Architecture）读建筑本科的1970年代初期。

1970年代初，西方建筑界可谓疲惫和亢奋兼而有之。一方面，人们对战后经济复苏中大规模建筑与城市建设的结果普遍不满而产生失落感（这在一定意义上导致了后来众所周知的以历史主义为主要内容的“后现代主义”的兴起）；另一方面，从1960年代早期开始，建筑界就有“阿基格拉姆”（Archigram）和富勒（Buckminster Fuller）等致力勾画科幻般高技未来城市图景的思潮和人物。在建筑院校，尤其是欧洲的建筑院校，受1968年巴黎学生运动的影响，意大利“超级工作室”(Superstudio) 和“建筑变焦”(Archizoom)式的叛逆思维也大行其道。在建筑联盟学院，后来移师美国并成为“解构主义”风云人物的屈米（Bernard Schumi）开设“城市政治”课程（Urban Politics），鼓吹以建筑和城市为手段来进行社会革命。

1960年代的柏林墙及东柏林无人区

就在此时，库哈斯独自前往柏林，并提出一个出乎他的指导老师预料之外的毕业设计调研题目：“柏林墙作为建筑”（The Berlin Wall as Architecture）。许多年之后，库哈斯这样描述他当时的抉择：“直觉，对1960年代末期日积月累的清白感的不满，以及新闻记者生涯所形成的特有兴趣使我来到柏林（是乘飞机、火车、私人小汽车还是步行？在我的记忆中，我突然就在那里了），记录柏林墙作为建筑。”[2]

柏林墙，冷战时期尖锐军事和意识形态对立的产物。它由前东德政府于1961年建成，全长165公里。它不仅将西柏林完全围困，而且无情地穿越了以勃兰登堡门为标志的原柏林心脏地区，并在东柏林一侧留下大片无人能够接近的城市废地。原有的城市交通，包括错综复杂的地铁线也在此截然中断。冷战期间的柏林，一墙之隔不得团圆的家庭有之，试图穿越禁区而魂断墙脚的人也有之。

柏林之行给库哈斯的震惊是多方面的，然而“柏林墙作为建筑”

2 OMA，Rem Koolhaas and Bruce Mau, *S, M, L, XL* (New York: The Monacelli Press, 1995), p.216.

给他的启迪，或者更准确地说反启迪也是多方面的。首先，它使库哈斯充分认识到建筑的力量及其恶果。“城市政治”课程将建筑视为使人自由解放的手段，然而柏林墙作为建筑向人们提供的却是完全相反的经验。其次，建筑的壮举也许会很美，但是这种美却也会与其带来的恐惧成正比。有多少宏伟的纪念性建筑不是颂扬和震慑兼而有之呢？还有，人们常说形式是意义的载体。然而在库哈斯看来，作为意义载体的柏林墙其实不堪一击。它的巨大意义是以建立在武力之上的政治行为为基础的。

1980 年代的柏林墙及东柏林无人区

然而，“柏林墙作为建筑”给库哈斯最大的启迪无疑还在对现代都市的认识层面。1972 年，也就是库哈斯柏林之行的第二年，意大利建筑杂志《卡萨贝拉》(*Casabella*)组织了以“具有特殊意义的城市环境”(A City with a Significant Environment)为主题的设计竞赛。当时，库哈斯与在建筑联盟学院的荷兰老乡、后来共同创建“大都会建筑事务所”(Office for Metropolitan Architecture, 简称OMA)的艾里亚·曾格利斯(Elia Zenghelis)合作提交参赛方案，取名“大逃亡”，别名“自愿成为建筑的囚徒”(Exodus, or the Voluntary Prisoners of Architecture)。在这个方案里，不仅库哈斯早先当新闻记者和写作电影剧本的才能得到了充分展现，而且“柏林墙作为建筑”的原型也跃然纸上，尽管整个方案以照片剪贴的方式描绘的虚构故事已易地伦敦。故事的开场白如是说：

从前有个城市，它被分为两半。其中一半成为好的一半，另一半是坏的一半。

坏的一半的居民开始向好的一半迁移，很快，它发展成一个城市大逃亡。

如果允许这一状况一直持续下去，好的一半的居民人数将翻一番，而坏的一半则会沦为一座空城。

当所有阻止这一不良移民现象的尝试均告失败之后，坏的一半的当局气急败坏地行使了建筑所能具有的最为残忍的职权：他们在好的一半周围圈起一道大墙，从而使其完全不可接近。

这是一道杰作般的大墙。

最初出现的只不过是放置在分界线上的一些可笑的铁丝网，然而它们所产生的心理和象征效果却比表面看上去的大得多。

现在，好的一半只是可望而不可及，但也因此更具不可抵挡的吸引力。

那些沦陷在坏的一半的人们鬼迷心窍般地策划逃亡计划，但一切均属徒劳。绝望笼罩着大墙的这一边。

正如人类历史上经常发生的，建筑在这里成为导致绝望的罪恶工具。[3]

表面上，这多少只不过是广为人知的柏林故事的再述。但是，读者切莫据此简单地将东、西柏林分别等同于“坏的一半”和“好的一半”。正如库哈斯和曾格利斯在接下来的叙述中所说的，那些对“好的一半”热爱太甚的人将自愿成为它的囚徒。显然，《大逃亡》方案的别名由此而来，而从某种意义上说，现实中曾被囚禁的不是东柏林而正是孤岛西柏林！在库哈斯那里，“柏林墙作为建筑”的城市含义是远远超越东、西柏林之间具体意识形态的冲突而具有其普遍性的。对库哈斯来说，无论出于何种政治需求或为何种意识形态服务，柏林墙作为一个现实存在本身就足以说明问题：现代都市充满突变、矛盾、荒诞不经，无情的割裂和现实毫无妥协地并存。可以说正是在这样的普遍意义上，当库哈斯在《卡萨贝拉》设计竞赛之后从更为概括的高度制作题为《俘获全球的城市》（*The City of the Captive Globe*）的现代都市概念画时，柏林墙获得了它的地位。这是一幅以纽约曼哈顿的巨型网格城市格局为原型、集20世纪都市现实与理想为一体的超现实主义式的水粉画。在这里，各种不同类型的建筑形式和其中所包含的意识形态大相径庭但又彼此共存：从未来主义到表现主义，从超现实主义到社会现实主义，从被视为资本主义代表的洛克菲

库哈斯/曾格利斯：《大逃亡》

库哈斯/OMA：《俘获全球的城市》

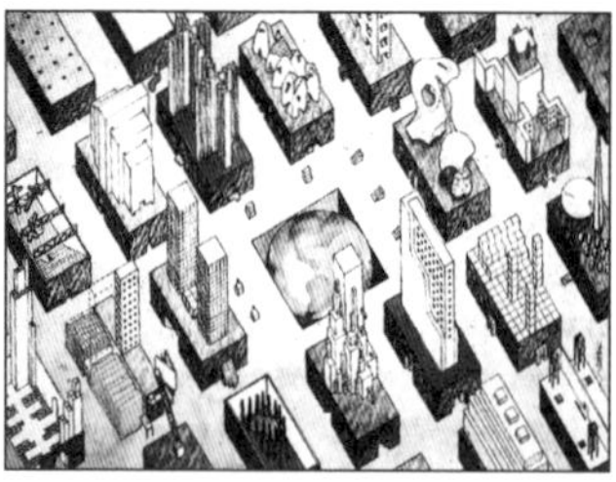

3 Ibid., p.5.

勒中心到含有社会改良思想的柯布西耶的“光明城市”塔楼，从密斯的玻璃摩天楼到柏林墙……

让我们还是回到《大逃亡》方案本身。这是一条穿越伦敦市中心的长条形地带，两侧以墙与外界隔开。地带本身由一系列面积大小如一、但内容却完全不同而又变化范围很广的地块组成。略举其中几例：二号地块，旧城市与新地带的交接处，它代表着理想和现实的永恒冲突。三号地块——“自留地”：这里每个自愿的囚徒都将获得一小块属于自己的“人民文化宫”。七号地块——“临时住房”：新到达的囚徒可以在这些伦敦的老房子里暂时安家，接受短暂训练以适应新区的生活。八号地块——“浴室”：沐浴和产生新的社会行为的地方。九号地块——“艺术”：人们在这里接受强烈的艺术史熏陶，其创作冲动下产生的作品足以与大英博物馆的珍品相媲美。十一号地块——“生物急救机构”：融医疗和教育为一体。在这里，医生可以任意操纵人们的生理资料，而大学毕业生们均是些年龄不超过十一岁的神童……方案不设一号地块和最后一块以示整个地带在面积和内容上的无限可延续性。

库哈斯/曾根利斯：《大逃亡》

《大逃亡》获得该次《卡萨贝拉》竞赛的第一名。毫无疑问，它那过分人为化的形式以及伦敦居民在它的吸引之下大逃亡以至整个旧伦敦沦为一片废墟的设想是乌托邦式的。然而，它并不是一部传统式的勾画未来美好蓝图的乌托邦作品，毋宁说是一部乔治·奥威尔（George Orwell）的小说《一九八四》式的现代启示录。或用已故建筑历史和理论学家塔夫里（Manfredo Tafuri）在论述意大利18世纪建筑师和蚀画家皮拉内西（Giovan Battista Piranesi）的作品《监狱》（*Le Carceri*）时所说的，它是一部“消极乌托邦”(negative utopia)。[4]显然，库哈斯对20世纪现代都市现实的渴求（无论这一现实有时是多么疯狂、残酷和变态）在柏林墙那里获得了丰富而又奇异的养分，并转而成为与这一现实进行弗洛伊德式的心理学碰撞、挖掘其潜意识诗意内涵的动力。如同《俘获全球的城市》的现代都市画一样，《大逃亡》是这样一面镜子，它无情地照出了20世纪现代都市的内心世界和记

4 Manfredo Tafuri, *The Sphere and the Labyrinth* (Cambridge, Massachusetts, and London, England: MIT Press, 1987), p.29.

忆。当然，与曾经被人们广泛引用的罗西的“城市的集体记忆”不同，它不是以历史形态的单一性为母体，而是以现代都市的荒诞多重性为基础的。就此而言，它也是库哈斯后来在《癫狂的纽约》里明确使用超现实主义画家达利所谓“批判性偏执妄想方法”(paranoiac-critical method)的前奏曲。[5]

超越已有的建筑概念和视野，“柏林墙作为建筑”在当代建筑思想史上再一次说明现实远比传统更有潜力。难道不是吗？在柏林墙的现实面前，“文脉主义”和“历史延续”的神话显得何等苍白无力！值得注意的是，“柏林墙作为建筑”的城市意义不仅是通过它的实体形式来体现的，而且也是通过它在柏林中心所形成的空白性城市废地来体现的。在当代，德国电影导演维姆·文德斯(Wim Wenders) 1980年代中期创作的电影《柏林的天空》(*Der Himmel über Berlin*，英译 *Wings of Desire*，即欲望之翼)曾充分挖掘了这种城市废地的艺术潜力。而库哈斯几乎在同一时期撰写的《想象空白》(Imagining Nothingness)一文则更为直截了当：“哪里有空白，哪里就有一切可能。哪里有建筑，哪里就没有其他可能。……想象空白就是：庞培城……曼哈顿网格……柏林墙……它们都说明都市的空白并不是空洞，每一块空白都能用于许多内容，它们插入现有的城市肌理，强制性地导致活动和肌理的突变。”[6]诚然，库哈斯《想象空白》一文撰写后不久，柏林墙就成为历史的过去。但是，不仅柏林墙所蕴含的带状插入式城市内容的概念早已与《癫狂的纽约》一书对“下城体育俱乐部”(Downtwon Athletic Club)空间结构的理解相结合转化为库哈斯的巴黎拉维莱特公园规划设计竞赛方案的基本设计构思，[7]而且对于本文更有意义的是，“柏林墙作为建筑”勇于从现实而不仅从历史或传统中观察和理解城市的思想。在柏林墙已经逝去的今天，它却可作为建筑界对柏林墙历史的永久性纪念。

03 柏林国际建筑展览会

柏林是一个具有举办建筑展览会传统的城市。如1910年的规划

5 见：Rem Koolhaas, *Delirious New York* (London: Oxford University Press, 1978)(New version, The Monacelli Press, 1994).

6 Rem Koolhaas and Bruce Mau, *S, M, L, XL*, p.199 and p.202.

7 “Congrestion Without Matter,” ibid, pp.895-939.

展览会、1928年主题为“在绿化中居住”(Wohnen im Grünen)的观摩会和1931年德国建筑展等，均是柏林建筑展历史上可以列举的篇章。二战以后，由于一定的意识形态和经济技术条件等因素，建筑展览会的传统主要为西柏林所继承。1953年，在联邦政府的支持下，西柏林议会宣布重建毁于战火的汉萨区（Hansa Vietel）。经过数年的努力，它于1957年发展成一个以“明日城市”（Stadt von Morgen）为主题的国际住宅展（Interbau）。与柏林以往几次的展览会不同，该展览会的建筑是永久性的。它集中了格罗皮乌斯、阿尔托、尼迈耶等当时闻名于世的现代主义建筑师的住宅设计新作。这是一次类似1927年斯图加特魏森霍夫居住区建筑展（Weisenhofsiedlung）的盛事。不过，史学界对该次展览的评价远没有魏森霍夫高。早在1960年，意大利建筑史学家列昂纳多·本奈沃洛（Leonardo Benevolo）就这样评论道：

> 像1927年的魏森霍夫一样，（汉萨国际住宅展，引者注）形式多样变化：高层，中型或小型公寓大楼，有的是分离式，有的是平台式，成为现代城市可供选择的典范；但在早期的情况是，给予建筑师的各种自由成了对风格和谐的强调，对未来提供一幅令人信服的画面；而现在，国际住宅展反映了一种更加动荡的文化形势。每个人都说自己的，从某种意义上讲，他们之间在建筑技术的形式上有着某些一致性，在此各种方法可以相得益彰。但是，三十年前在技术和形式抉择之间几乎已经弥合了的鸿沟，似乎又重新裂开：总体规划和实施的细节往往被当作两个互不相关的因素相加，而在许多情况下它们又出自不同人物的手笔，有外来的设计者和当地的合作者。由此对当代城市来说出现了更加含糊的教训：给个别事物的态度定义清楚，而对一段事物的态度定义混乱，“中间清楚，结尾混乱”。[8]

汉萨国际住宅展的总体布局在很大程度上是以《雅典宪章》的城市规划思想为准则的，而就是这个《雅典宪章》曾经被当代另一位权威性的建筑历史学家弗兰姆普敦称为“由‘现代建筑国际大会’产

8 列昂纳多·本奈沃洛：《西方现代建筑史》，邹德侬、巴竹师、高军 译，天津科学技术出版社，1996，第681页。

生的最为奥林匹克式的、虚夸的和最终具有破坏性的文件”(the most Olympian, rhetorical, and ultimately destructive document to come out of CIMA)。[9]确实,《雅典宪章》的功能主义城市规划思想对战后西方大规模城市改建的影响巨大,其结果也是令人不能满意的。在西柏林,许多在二战中幸存的旧城街区被推为平地,取而代之的是功能主义的开放公园式的城市空间。从某种意义上说,著名的马基西区(Märkisches Vietel)即是此类城市改建的产物。(其实,这种情况并不仅限于西柏林。在东柏林,大量工业化住宅建设和城市改造所导致的后果有过之而无不及。)

1957年柏林国际建筑展览会纪念邮票

在这样的情况下,对战后柏林住宅建设、城规政策以及作为其基础的现代建筑城市思想的批判声渐高。人们纷纷以怀旧的心情重新看待城市,并试图寻找不同的城市发展道路。时值1970年代中叶,西柏林政府着手准备1987年柏林建城750周年的庆祝活动,新一轮的国际建筑展览会被定为庆祝活动的重要内容之一。开始,政府官员们考虑选择蒂尔加登区南端遭受战争严重破坏的前外交人员地区举办一个类似1957年的国际建筑展。但是,克罗兹伯格(Kreuzberg)等其他一些中心城区也纷纷要求将展览会的地址设在自己的地盘内,而事实上这些城区的城市衰败情况也相当严重。政府官员们转而听取保尔·克莱奥(Josef Paul Kleihues)等柏林建筑师们的意见。他们得到的建议是城市真正需要的并不是在一块专门的用地上举行的建筑展览会,而是中心地区住房标准、生活条件和城市状况的改善。建筑师们的建议得到了部分采纳。1979年,西柏林政府正式决定选择南弗里得里希区、克罗兹伯格的路易森街区(Luisenstadt)和SO-36街区、布拉格广场、南蒂尔加登区以及位于北部的台格尔(Tegel)地区搞一个分散性的建筑展览会。其中,克罗兹伯格的路易森和SO-36街区一反战后旧城改造大拆大建的做法,以翻修改建为主,目的是将仅存的、一度被视为柏林恶劣居住条件之典型的多户分租式简易公寓城区作为一种建筑文化形式保护下来。其他地区则以结合现有城市文脉的新住宅建筑

9 Kenneth Frampton, *Modern Architecture – A Critical History*, Third Edition (London: Thames and Hudson, 1992), p.270.

为主，和翻修改建部分一样，新建部分在很大程度上也是得到政府补贴的。事实上，二战以后直到冷战结束，西柏林都一直是受西德联邦政府补贴最多的城市。反映在建筑上，受益最大的就是所谓的“社会住宅”(Sozialewohnungsbauen，亦可称公益住宅，即英文里的social housing)。社会住宅也正是1987年柏林国际建筑展(Internationale Bauausstellung Berlin，简称IBA)的主要内容，并且因为除少部分地区外，该次展览的用地均与旧城区有着密切的关系，所以“旧城作为居住区”(The Inner City as Residential Area)也就成为整个展览的主题。

不用说，展览中最为引人瞩目的是新建部分。欧美的知名建筑师们几乎全有作品参展，从查尔斯·摩尔(Charles Moore)设计的后现代主义风格的台格尔住宅小区，到艾森曼位于南弗里得里希区带有解构意味的公寓楼；从罗西“城市建筑”式的街块，到约翰·海杜克(John Hejduk)由他那受16世纪意大利流浪剧团(Commedia dell’Arte)启发产生的“假面剧”(Masques)概念演变而来的“假面舞会”住宅建筑(The Masquerade)，可谓丰富多彩，应有尽有。相信这些建筑已为大多数读者熟知，本文不再多做介绍，而只想谈一谈柏林国际建展对城市历史和城市空间的理解问题。

1984 年柏林国际建筑展览会总平面

罗伯·克里尔：南弗里得里希城区修复规划

也许，没有其他什么能够比罗伯·克里尔(Rob Krier)为建展所做的南弗里得里希城区修复规划更能说明问题的了。南弗里得里希区(Südliche Friedrichstadt)是18世纪根据菲利浦·盖尔拉赫(Philipp Gerlach)的巴洛克式规划设计建成的弗里得里希城区的一部分，二战中遭受重创。战后柏林墙又从整个城区中间拦腰穿过，柏林墙以北归东柏林管辖，但因紧靠柏林墙而成为无人接近的废地。相比之下，作为西柏林一部分的南区倒还有些人气。战前鼎盛时期十分繁荣的弗里得里希大街贯穿南北，南端从梅灵广场(Mehringplatz，原名美盟广场)开始，北端与柏林墙相接处则是冷战时期东、西柏林间专供外国人通行的关卡“查理检查站”(Checkpoint Charlie)。整个南弗里得里希区经过战争的破坏和战后的建设发生了巨大的变化。早先单一和谐的巴洛克风貌不复存在，原有周边式街块多残缺不全，功能主义式的住宅小区又穿插其中，使建筑高度和城市空间杂乱无章。

然而，这一切对于罗伯·克里尔来说似乎从未存在过，因为他勾画的南弗里得里希城区俨然是整齐划一的后现代巴洛克城市图景。毫不奇怪，克里尔的方案只部分地得到了实施，那就是一般关于1987年柏林国际建筑展的报道均会提及的里特街（Ritterstrasse）住宅区。有相当一些年轻建筑师参加了它的设计。就建筑形式而言，这片住宅区并非完全的历史主义，它在使用历史形式的同时也融合了相当一些现代建筑的手法。它大胆使用传统建筑所没有的强烈色彩，并对欧洲城市住宅的户型做了新的解释。但是在城市空间的层次上，克里尔的规划设计力求恢复的无疑是他在《城市空间》一书中所阐述的传统城市空间。[10]

克里尔的南弗里得里希区规划是1970年代中叶开始的一场颇具声势的“欧洲城市之重建”运动（Reconstruction of the European City）的组成部分。与他的同胞兄弟利昂·克里尔（Leon Krier）一起，他们主张重返工业革命前的欧洲城市模式。他们的观点如果用另一位“欧洲城市之重建”运动的理论家阿尔贝托·乌司塔罗斯（Alberto Ustarroz）的话来说，就是“尽管有种种物质的需求，古老的欧洲城市，亦即20世纪前的欧洲城市才是唯一真正意义上的城市”。[11]除柏林建筑展的项目外，克里尔兄弟还通过为伦敦、斯德哥尔摩、卢森堡的埃西特纳赫（Echternach）等欧洲城市所做的改建方案和一系列竞赛或纸上设计来说明自己的观点。

罗伯·克里尔：IBA住宅

用克里尔兄弟等为代表的“欧洲城市之重建”运动来概括1987年柏林国际建筑展也许是过于以偏概全了。正如负责建展新建部分的保罗·克莱伍艾斯（Paul Kleihues）曾经强调指出过的，试图按照18和19世纪的模式重建柏林的做法是荒谬的，1987年柏林国际建筑展的目的是对城市的“批判性重建”（the critical reconstruction of

10 Rob Krier, *Urban Space* (London: Academy Editions, 1979).

11 Alberto Ustarroz, "The City and the Classical Tradition," in *New Classicism*, eds. Andreas Papadakis and Harriet Watson (London: Academy Editions, 1990).

the city)。它“旨在鼓励传统与现代的对话，而不是过于简单化地强调两者之间的对立”。它要求“从思想上和形式美学上对构成城市的元素重新认识，保留体现以往几代人的辉煌、灾难、幻灭与希望的历史痕迹，增强一个城市的社会和艺术可识别性”。就展览的具体方法来说，它“并不试图通过抹杀不同或者冲突的利益来达到更高的统一。它只是在鼓励城市的单独元素（建筑、街块、街道、广场）自由，甚至在一定意义上自主发展的同时，将城市的历史和场所精神（genius loci）所形成的秩序结合到一个更大的整体中来”。[12]

当然，要将理论上的这种在传统和现代、个体和整体之间的平衡付诸实施并非易事。事实上，“批判性重建”本身就具有需要平衡的两个方面。批判过了头，重建也许就成问题；重建太多，“批判性重建”（critical reconstruction）也许就与“历史复原”（historical reconstruction）相差无几。这或许是一切“辩证”理论的特点。不过总的来说，1987年的展览还是较为成功地处理了以上一些“对立统一”因素之间的关系。问题在于，什么是柏林的历史、可识别性和场所精神？如何“保留体现以往几代人的辉煌、灾难、幻灭与希望的历史痕迹，增强一个城市的社会和艺术可识别性”？

艾森曼：IBA 住宅

罗西：IBA 住宅

从绝大多数实施的展览项目来看，它们无论建筑风格多么不同，基本上都统一在周边式的街块（Block）系统里。在一定意义上说，周边型街块系统正是包括柏林在内的传统欧洲城市的特点，而与伦敦、巴黎、罗马等其他欧洲城市相比，柏林又以它巨型的周边式街块著称。在战前的柏林，这类巨型周边式街块内塞满了多户分租的简易住宅。这种情况在许多经过战争被严重毁坏的街块中虽已不存在，但早先的道路网还在，盟军的炮火下残存的建筑也使原有的结构依稀可见。南弗里得里希区的情况尤其如此。通过“城市修补”（Stadtreparatur）的方法恢复这些周边式街块，从而也恢复它们之间那种连续的、曾被勒·柯布西耶称为“过道”（rue corridor）的城市街道空间就成了“批判性重建”的

12 Josef Paul Kleihues, “From the Destruction to the Critical Reconstruction of the City: Urban Design in Berlin after 1945” in *Berlin – New York. Like and Unlike. Essays on Architecture and Art from 1870 to the Present*, eds. Josef Paul Kleihues and Christina Rathgeber (New York: Rizzoli, 1993).

任务之一。早在1978年，克莱伍艾斯本人就提出了他那曾被弗兰姆普敦视为“新理性主义”代表的柏林魏丁区（Wedding）新式周边住宅方案，[13]而克里尔、罗西等所做的建筑展街块设计也都含有巨型周边围合的中空内院。

在容积率可以较低（甚至很低）、绿化又十分到位的情况下，这样的内院环境还是相当宜人的。然而，从展览重建城市街道空间的宗旨来看，原美国康奈尔大学建筑系城市设计教授柯林·罗（Colin Rowe）曾对展览的模式提出批评。他指出中空式巨型周边街块固然从形式上以其连续的立面围合了街道空间，但是它在本质上却与街道空间的意义相违背。罗的理由是：城市的街道空间只有与人的活动相结合才具有意义，而中空式巨型周边街块给行人为抄近路选择穿大院而过提供了条件，从而降低了使用街道空间的频率。另外，罗还从街区生活安全的角度对中空式巨型周边街块提出异议。当然，罗对展览的批评意见并不仅限于中空式巨型周边街块，而是广泛涉及城市公共领域（res publica）与私有领域（res privata）的关系，社会住宅与城市的关系，从他著名的图形—背景（figure-ground）理论出发阐述的建筑实体与空间的关系，城市应具备的混合功能，以及柏林中心区各点之间的轴线和绿化关系等诸多方面。[14]

如果说罗的批评是在充分肯定基础上的批评，那么曾以“柏林墙作为建筑”的雷姆·库哈斯的批评则是完全不同的性质。从克里尔、克莱奥到罗，柏林的历史都主要是与传统的城市形态相联系的，虽然在这个问题上克里尔崇尚的是古典城市的同质性（homogeneity），而克莱奥等则承认柏林传统城市肌理的异质性（heterogeneity）。但是库哈斯认为，传统的城市形态远不能代表柏林。在他看来，“柏林的丰富性在于它那激动人心的历史片段：新古典主义城市、早期现代大都市、纳粹首都、现代主义的试验床、战争的牺牲品、死而复活的拉撒路（Lazarus，《圣经》中人物——引者注）、冷战英雄，等等”。据此，他在1985年的一篇文章里对1984年柏林国际建筑展提出批评：“现在，柏林国际建筑展正在以历史的名义抹杀历史的痕迹，包括摧毁史的痕迹（the evidence of its destruction），而这种摧毁史的痕迹正是柏林历史

13 Kenneth Frampton, *Modern Architecture*, p.296.

14 Colin Rowe, “Ein offener Brief zur Vittorio Magnago Lampugnani,” in *Modelle für eine Stadt: Ziele und Programme der IBA, Berlin* (Berlin: Siedler Verlag, 1984).

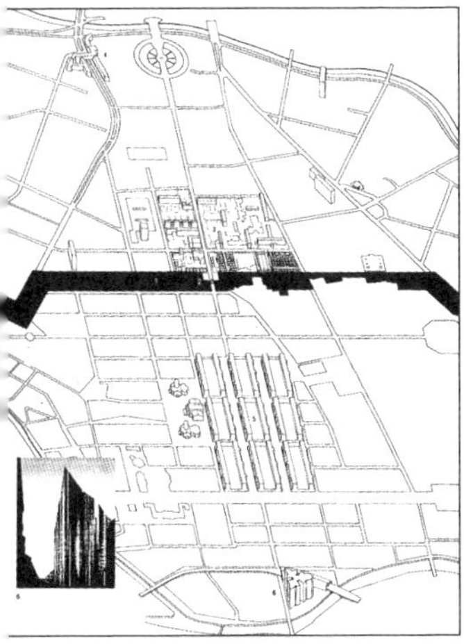
库哈斯/OMA：弗里得里希大街现代主义考古学

中最值得注意的因素，更不要说它的美学涵义了。”[15]

库哈斯反对的是，当人们批判现代主义建筑不顾历史、以“白纸一张”(tabula rasa)的方法对待城市的时候，人们又试图用自己批判过的方法来对待现代建筑的历史和城市历史中的其他片段。就展览的重头戏南弗里得里希城区而言，库哈斯指出它不仅有18世纪的巴洛克城市道路网格系统和在这一系统中产生的战前建筑的残留部分，更有现代建筑的历史和战后的新建筑。与战前限定街道同时也被街道限定的老建筑不同，战后的新建筑则往往与道路网格没有多少关系并趋向使街道解体。自从人们再次将街道视为一切城市的核心元素以后，最为简单的方法就是清除1960—1970年代的“错误”，同时以历史意识的名义重新沿街道围合建筑。事实上1987年展览所做的也正是力图恢复道路网格，仔细地将新旧建筑连接起来，并最好将战后那些不顺眼的建筑去掉或隐藏起来，从而消除过去“错误”的影响。但是，库哈斯写道：“必须抵制这种思想方法的诱惑，以免造成这样一种钟摆现象，即接受一种建筑思想就像白天跟随黑夜一样必然在几年之后导致对它的反叛。这是一种消极的序列，它使每一代人都讥讽自己的前人而又被后人所嘲弄。这样的做法是反历史的，它使建筑的发展变为一串不相关的句子而令人难以理解。”[16]

正是本着这一原则，库哈斯与曾格利斯合作参加了1980年作为展览重头戏的南弗里得里希区的规划设计竞赛。竞赛任务书要求参赛者针对弗里得里希大街与考赫大街(Kochstrasse)交叉处的四个街块提出一个总的城市概念，并选择其中的一个街区做具体方案。在对现代建筑的一片否定声中，库哈斯和曾格利斯却把该地区遭受严重破坏的特点转化为挑战的动力，仔细探讨在多大程度上那些在柏林产生的现代建筑和空间类型可以与古典的街道格局相共存。他们提出的城市概念不仅含有巴洛克城市的因素(道路网格)，而且更将该地区变为现代主义建筑的“考古学战场”。从门德尔松设计的德国冶金联合

15 Rem Koolhaas and Bruce Mau, *S, M, L, XL*, p.207.

16 Ibid., p.256.

会总部到希伯塞姆尔的行列式城市，再到密斯的玻璃摩天楼，虽然都是没有实现的方案，但是一个现代建筑的系谱跃然纸上。当然，对于当时的弗里得里希城区来说，柏林墙也是一个不容忽视的现实存在，它与现代建筑的系谱和18世纪的巴洛克城市道路网一道共同组成了库哈斯和曾格利斯街块设计方案的“文脉”。

在这一方案中，库哈斯和曾格利斯并不追求“城市修补”后的完整周边式街块。相反，不完整性被看成该地区可识别性（identity）之特征所在。具体来说，六号街块是竞赛涉及的四个街块中最大的一块。这里，新加进来的板式建筑提示、但并不完全限定街块的范围。它们将现有的孤零零的建筑结合到一个码头式的构图中来。七号街块是密集型的，希伯塞姆尔的行列式建筑在这里经过适当裁减被插入到现有的街块结构中去。而考赫大街以北紧靠柏林墙的四号和五号街块使用的则是受20世纪20年代密斯、希伯塞姆尔和雨果·赫林（Hugo Häring）等人的庭院式住宅启发而形成的低层建筑组合。方案作者认为，在该地段选择这样的住宅类型，一方面是为了以庭院来增加因靠近柏林墙而在心理上需要的私密与宁静，另一方面庭院建筑低矮的建筑高度（二层）是一种姿态，它翘首以待柏林墙拆除、东、西柏林重新统一的到来。到那时，柏林墙将为一条绿化带所取代，以非纪念碑的形式纪念冷战时期这一柏林当代史上的重要一页。

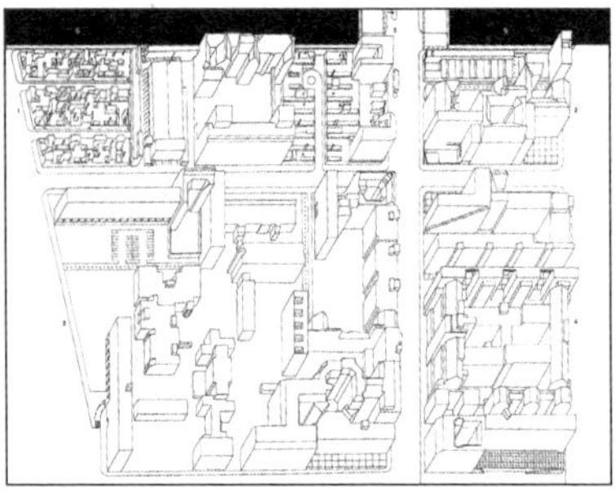

库哈斯/OMA：考赫大街/弗里得里希大街设计方案

四号街块是库哈斯和曾格利斯方案中按照竞赛要求深入发展的街块。它北临柏林墙，东侧是弗里得里希大街和查理检查站。现有建筑残段将基地分割为两块。西边的一块被两条新开辟的东西向道路划分为三块，总共容纳56套住宅。它的东侧为一排可有各种用途的作坊建筑（workshops）所限定。东边的一块基地则被一条南北向的车道一分为二，共有十八套住宅容于此地。面对弗里得里希大街和查理检查站的一侧设立了独立式小型建筑，以强化该地点的特殊性。

库哈斯和曾格利斯的方案未被采纳（而只被赋予位于四号地块最东侧沿弗里得里希大街两幢已有建筑之间的一幢多层住宅的设计任务，任务的要求是形成建筑高度整齐划一的街块）。但是它所倡导的开放与封闭空间的多重对话却包含着远比展览实施了的弗里得里希大街、考赫大街以及其他南弗里得里希区的单一周边式街块更大的城市潜力。它对城市文脉、历史特征、场所精神的理解也更加深刻和具有思想性。它坚持认为现代建筑不是什么应该结束或者忘记的东西，而是一个历史发展的过程，一项未完成的工程。它据理力争现代历史与前工业历史具有同等乃至更大的价值。它说明，正如柏林工业大学建筑历史理论教授弗里茨·诺伊迈耶（Fritz Neumeyer）曾经借用尼采的话强调指出的，现代主义是一项艰难的运动，它旨在“将艺术从历史中拯救出来，而又不使历史从艺术中消失”。[17]

04 东、西柏林统一后的城市设计竞赛

在德国的历史上，11月9日是一个魔幻似的日期，屡屡发生重大事件：1918年11月9日，德意志帝国终结，德国开始走上共和之路；1923年11月9日，希特勒在慕尼黑发动政变失败；1938年11月9日，纳粹党徒一手策划了“帝国水晶之夜”，疯狂迫害犹太人。似乎历史的巧合执意要延续下去，1989年11月9日，当时的民主德国在无法阻止东德人出逃西方的情况下被迫宣布开放边界，横亘于两个柏林和东西方之间的冷战时代的象征——柏林墙轰然“倒塌”，东、西柏林合二为一。翌年，东、西德国重新统一，柏林再次成为德国的首都。

1990年11月德国刚刚重新统一后不久，位于法兰克福的德意志建筑博物馆与德国最有影响力的报刊之一的《法兰克福汇报》（*Frankfurter Allgemeine Zeitung*）联手邀请一批世界知名建筑师参加题为“明日之柏林”（Berlin Morgen）的设计竞赛。称它为设计竞赛也许并不恰当，因为它并不打算也没有对所有的方案来一个名次排列。毋宁说这是一次纯概念性的设计活动，参加者各抒己见，对柏林统一后的未来提出设想。共有十七位建筑师应邀参加了此次活动。总的来说，“参赛”方案水平并不高。也许是纯概念性的原因，有些方案显得非常粗糙，几乎是作者们自己建筑风格的放大。（关于这次活动的方案，有兴趣的读者可参阅英国《建筑设计》[*Architectural Design*]杂志1991年7/8合刊上的刊登。）

虽然是一次概念性的活动，来自外部的“明日之柏林”却在柏林激起了不小的反响，其中以一个东、西柏林建筑师和历史学家小组的

17 Fritz Neumeyer, “OMA's Berlin: The Polemic Island in the City” in *Assemblage* No.11, p.38 .

反响最为强烈。他们认为这些方案所勾画的“明日之柏林”与原有的柏林(指战前的柏林)相差太大。对于统一后的柏林之发展方向,该小组发言人、历史学家迪特·霍夫曼-阿克塞尔姆(Dieter Hoffmann-Axthelm)一言以蔽之:“没有必要再去寻找什么新的城市形式”(Es muss keine neue Stadt erfunden werden)。换言之,应该按战前城市的模式重建柏林的中心。当然,霍氏强调,这并不意味着将历史上的某个时代复原,而是辩证地处理传统与现有条件和需求的关系。

霍氏的观点令人想起1987年柏林国际建筑展“批判性重建”的口号。事实上,所谓“批判性重建”(kritische Rekonstruktion)也正是1991年走马上任负责建筑问题的官员(Senatsbaudirektor)汉斯·施迪曼(Hans Stimmann)制定的城市建设原则。概括地说,该原则有如下几个主要方面:柏林历史上形成的道路格局和限定街道空间的立面应该得到尊重并尽可能重建;建筑形象以所谓古典的“柏林式建筑”(Berlinische Architektur)为主,其檐口线脚的高度为22米,屋顶高度不超过30米,规整的窗洞和简化的装饰,立面材料以抹灰和石头为主;建筑用地以街块为单位,凡是报批的规划方案都必须显示其中住宅占用地的20%以上,等等。鉴于柏林统一后蜂拥而来的建筑和规划项目之多,人们也许不难理解某种简单扼要的规划设计准则的必要性。另外,为保持柏林城区的多功能性,强调住宅在规划中的比例显然也是必要的。然而,在城市建设中规定如此具体的建筑风格和形象,恐怕连我们这些听惯“长官意志”的中国建筑师也不能不为之咋舌。

可以说,与1987年国际建筑展相比,施迪曼“批判性重建”原则中重建的成分更多而批判的成分更少。它的最终追求是一种理想化的欧洲城市模式,整齐划一的街块和建筑高度,外加柏林式建筑立面。它意欲重新恢复旧日柏林如石一般(das steinerne Berlin)浑厚凝重的城市风貌。就此而言,施迪曼的原则与其说是“批判性重建”,不如说是“历史性复原”(historische Rekonstruktion)更确切些。

1990年举行的关于波茨坦广场地区的城市设计竞赛可以说是一次施迪曼原则的大较量。该次竞赛也是柏林统一后举行的首次大型设计邀请赛,16位德国和欧美建筑师应邀参赛。在战前的柏林,波茨坦广场地区曾经是最为辉煌繁荣的城市区域和交通枢纽之一。二战中这个城区被战火夷为平地,战后归东柏林管辖,因为紧挨柏林墙而一直是一片无人接近的城市废地。冷战时期西柏林政府建造的

希尔默 + 萨特勒：波茨坦广场城区竞赛一等奖方案

拥有夏隆设计的柏林爱乐音乐厅和国立图书馆等著名建筑的文化广场（Kulturforum）就在离它不远的地方。东、西柏林统一后，人们还没回过神来，当时的柏林政府就将波茨坦广场地区的土地卖给了戴姆勒－奔驰、索尼、阿西亚·布朗·勃法瑞（Asea Brown Boveri）等国际性大公司。波茨坦广场地区的设计竞赛就是针对这块地的。

设计竞赛的第一轮方案评选开始后，施迪曼与竞赛组委会主席托马斯·西福兹（Thomas Sieverts）一起多方施加影响刷掉了所有含有高层建筑的方案，而将慕尼黑建筑师希尔默和萨特勒（Hilmer + Sattler）合作的方案选定为一等奖方案。这一方案恢复了早先该地区具有代表性的莱比锡广场的八角形状，并且采用了整齐划一的传统街块形式，但是为满足开发商对建筑密度的要求不得不将建筑高度提高到35米这个并非与古典柏林建筑相称的高度（后来降低到28米）。

然而，一等奖方案却遭到购买土地的大公司们的反对，称之为“小城市味儿过浓”。不过，最激烈的批评还是来自作为竞赛评委成员之一的荷兰建筑师雷姆·库哈斯。竞赛第一轮过后，库哈斯在1991年10月16日的《法兰克福汇报》上发表了一封题为“柏林：对思想的大屠杀”（Berlin: The Massacre of Ideas）的公开信，对以施迪曼为首的评委会的做法和立场提出了猛烈的抨击。库哈斯写道：“简单粗糙地将许多参赛的方案拒斥为‘愚蠢’‘不现实’‘孩子气’，他（指施迪曼——引者注）将评委会的工作转化为这样一种法庭审理：在那里检察官既是公诉人又是陪审团成员，既是起诉人又是裁决者。在‘具有代表性’的或者‘普通’柏林人的名义之下，独立的思考和判断被人嗤之以鼻。……它向人们显示掌握柏林城市未来杀生大权的人正用最狭隘、最幼稚的专业眼光看待柏林的新中心，而把其他所有构成一个真实城市的因素统统抛在了脑后。”在库哈斯看来，“柏林再次成为德国乃至欧洲的首都，却恰恰是在它无论从政治、意识形态还是艺术上来说都最无能的时刻担当起这一角色的。竞赛结果以及获胜方案产生的方式都说明这是一个小资产阶级的陈腐反动的城市。它无视现实，平庸而又狭隘，肆意断送了一个对20世纪的欧洲来说独一无二的城市资源”。对库哈斯来说，“素来对现代都市的潜在可能性抱有特殊感情而又不得不参与这一可笑的把戏，实在是自己职业生涯中最为痛苦的经历”。于是，他愤然退出了评委会。

库哈斯的观点也许是过于偏激了，但是如果我们已经熟悉库哈斯对柏林作为一个现代都市之丰富现实和历史的一贯立场，以及他将柏林作为20世纪欧洲现代都市最具潜能的未经粉饰的代表所寄托的深厚希望，他的反响的强烈程度也许就不难理解。不过，库哈斯的偏激性使他孤掌难鸣。事实上大多数评论家认为，尽管中选方案看上去颇为僵硬，缺少生气，它的潜能并不一定十分糟糕。因此希尔默－萨特勒方案最终还是被定为后面几轮分区设计竞赛的基础。其中，有1992年9月结束的戴姆勒－奔驰区域的设计竞赛，意大利建筑师皮亚诺（Renzo Piano）的方案获胜（索尼区的设计委托给美国建筑师赫尔莫特·杨[Helmut Jahn]，而ABB区的设计竞赛意大利建筑师乔治奥·格拉西[Giorgio Grassi]的方案中选）。从表面上看，皮亚诺的方案是所有参赛方案中最接近希尔默－萨特勒初始方案的。但是皮亚诺方案最大的与众不同之处在于，它充分考虑了设计竞赛范围之内的地区与文化论坛广场，尤其是夏隆的国立图书馆之间的关系。为此，它在与国立图书馆之间的狭长地带设置了不规则的水面、音乐剧院等内容，从而增加了该地区的公共性和文化性。并且皮亚诺方案也一改希尔默－萨特勒总体规划设计中僵硬的整齐划一的街块形象，增加了高层建筑，丰富了城市景观。按照皮亚诺的群体规划方案，日本建筑师矶崎新、德国建筑师汉斯·科尔霍夫（Hans Kollhoff）、西班牙建筑师拉菲尔·莫内欧（Rafael Moneo）等分别提出了具体的建筑方案，皮亚诺自己则除了音乐剧院之外，还设计了德比斯公司（Debis）总部大楼。

波茨坦广场及临近城区规划设计实施方案

如果说波茨坦广场地区的设计竞赛涉及的是试图以“批判性重建”的名义为一块因战争和冷战由繁华市区变为废地的城市区域赋以传统街块的形式和建筑风格而引起争议的话，那么亚历山大广场地区的设计竞赛则揭示了问题的另一面。与波茨坦广场相似，亚历山大广场也是战前柏林一个重要的城市区域，以其日夜不停、繁华喧闹的日常生活而闻名于世。德国作家阿尔弗雷德·德布林（Alfred Döblin）

的著名小说《柏林，亚历山大广场》就取材于该地区的生活。小说造就了一个大都市柏林的代表形象。和波茨坦广场地区一样，亚历山大广场地区也在盟军的炮火下被夷为平地。战后的亚历山大广场属于东柏林的一部分。20世纪60年代东柏林政府对该地区重建，不过在当时的政治和文化意识形态指导之下，没有搞什么“历史复原”。相反，重建力求做到使其成为社会主义新东德对外的一个橱窗。这里，规划平面和建筑形式充满功能主义意味，电视塔高耸入云，开阔的广场空间尺度巨大。

或许由于被认为缺少“历史肌理”的原因，或许“历史性重建”的原则已经不如刚提出的时候那样有号召力，1993年举行的关于亚历山大广场地区的设计竞赛被准许完全按照房地产开发商的要求，这里将变成一片高层建筑林立的地区，内含商场、办公楼、旅馆、居住等功能。然而，从参赛和最后获奖的方案来看，问题似乎并不在于高层建筑或者多层建筑的区别，而在于对待历史和现实的不同观点和方法。该设计竞赛的一等奖方案是由德国建筑师汉斯·科尔霍夫提交的，是一个貌似曼哈顿主义实为折衷主义的方案。貌似曼哈顿主义是因为它在高层建筑的形式上直接模仿洛克菲勒中心等1930年代的曼哈顿摩天大楼，实为折衷主义是因为它将洛克菲勒式的高层建筑几乎是十分生硬地装到了欧洲的周边大院式裙楼上面。科尔霍夫试图达到的似乎是既满足“批判性重建”和“柏林建筑”的要求，又满足高层建筑的要求。就与已有建筑的关系而言，科尔霍夫的方案除保留了早期现代主义建筑师贝伦斯(Peter Behrens)设计的一对建筑外，对东德时期的建筑采取一笔抹去的策略，五十年的东柏林城市建设在这里将成为德国历史上的一段空白。

相比之下，获得二等奖的德国犹太建筑师里伯斯金(Daniel Libeskind)的方案采用的则是完全不同的策略。里伯斯金在方案的说明书中这样写道：“我愿将我的方案称为‘未诞生者的足迹’，我抵制有选择地销毁历史，我们有必要对历史作出反响，有必要向未来敞开胸怀……我呼吁接受东德存在的历史，它代表了近五十年的建设，即使那些用预制混凝土板块建造的建筑也不应简单地一拆了事，而应以一种生态学的方式将其结合到新的设计中来。”里伯斯金的方案是将亚历山大广场作为统一后的柏林中心来设计的，它以一系列造型独特的建筑为基础将原有广场的几何排列和布局打破，从而以一种富有动感的方式与原有东柏林时期的建筑建立了关系。它不仅保留了贝伦斯设计的一对建筑，而且也保留了广场旅馆（Forum Hotel）、高层板式住宅等东柏林时期的代表性建筑。现有亚历山大广场被转化为一个绿色的城市公园，以改善现有广场空荡乏味的感觉。另外，里伯斯金还在竞赛地段范围之内的一段卡尔·马克思大道（Karl Marx Allee）上增加了一组取名为“亚历山大瑞姆”（Alexandrium）的多层建筑和一对高层建筑，既为卡尔·马克思大道的结尾部分提供了一个高潮，也将大道两侧的内容更好地连接起来。整个方案将城市作为一个逐步生成演化的诗意过程来处理。

历史的现代和当代内容是否应该在城市设计中得到尊重，这个问题已经在1987年国际建筑展关于弗里得里希大街与考赫大街交叉处四街块的设计竞赛中由库哈斯通过自己的参赛方案尖锐地提出来。东、西柏林统一后这个问题似乎具有了更多的社会意义。事实表明，东、西德国和东、西柏林的统一在一定程度上是“西”对“东”的殖民，西部以高人一等的态度接待了东部，东部的民众告别了民主德国，却无论在文化上、经济上还是心理上都是二等公民，难以在统一后的德国获得认同感和归属感。与西柏林的“主流意识”相比，里伯斯金至少在相当早的阶段认识到了这个如今许多人不得不承认的问题，并力求较好地处理它。竞赛以平庸的科尔霍夫方案获胜而告终，或多或少再一次说明库哈斯愤然退出波茨坦广场地区设计竞赛评委会的理由。

波茨坦广场和亚历山大广场地区的城市设计竞赛涉及的都是由大的跨国公司和房地产开发商建造的项目。东、西柏林统一后举行的众多城市设计竞赛中还有一类，它们的内容完全由政府项目组成。1993年和1994年两次举行的施普雷河心岛地区（Spreeinsel）的设计竞赛就属于此类。这是一次面向全世界的公开赛，吸引了来自世界各地一千一百多个方案参赛，创柏林设计公开赛有史以来最高纪录。然而，它又似乎是柏林统一后所有设计竞赛中思路最不清楚的一次。原因是多方面的。

施普雷河心岛地区是柏林历史核心区的一个重要组成部分，因而也是柏林历史的重要见证者之一。首先施普雷河心岛地区是柏林的最早发源地之一，并进而成为普鲁士帝国的皇宫所在地。启蒙运动之后，它成为“施普雷人文雅典”(Spree Athen)的载体，这里相继建造了辛克尔设计的哥特风格的弗里德里希维德大教堂（Friedrichwerder

柏林皇宫（已毁）

东柏林共和国宫（已拆除）

Kirche)、古典风格的老博物馆和柏林建筑学院(Bauakademie)等一系列重要建筑。二战以后，施普雷河心岛成为民主德国的政治中心所在地。在战争中部分受毁的皇宫被完全拆除，在它的基地上取而代之的是共和国宫(Palast der Republik)和马克思–恩格斯广场(Marx-Engels-Platz)。

鉴于这样的背景，施普雷河心岛地区的重新设计注定要与柏林乃至德国的历史发生关系。与波茨坦广场地区和亚历山大广场地区的设计竞赛相比，它的历史维度更强，处理与历史建筑的关系更为重要。不言而喻，高层建筑在这里是不合适的。但是排除高层建筑并不等于问题已经简单明了。事实是施普雷河心岛地区的设计竞赛从一开始就面临三种不同要求的难题。要求之一是以会议中心、公共图书馆、多媒体信息中心和含有商业、文化和居住设施等一系列混合功能的建筑来振兴城市生活；要求之二是为内政部和外交部建造二十万平方米具有高度安全措施和地下停车场的办公面积；要求之三是恢复古城柏林中心区的历史结构。一方面，不同要求导致功能的冲突，如振兴城市生活所需的公共性和混合性与政府机构的安全措施(50米安全隔离区)之间的矛盾、城市的公共性与施普雷岛核心地区历史风貌(如皇宫)的非公共性质之间的矛盾等；另一方面，竞赛任务书在要求“用支离破碎的历史痕迹重新构造柏林的历史核心”的同时，已经将东德时期遗留的城市现状的历史意义排除在外了。“历史”在这里意味着1945年以前的历史。但是“历史格局”究竟应该在多大程度上得到恢复？

在这方面，设计竞赛前一度闹得沸沸扬扬的要求恢复皇宫事件就已经使问题暴露出来了。毫无疑问，对于施普雷河心岛地区的历史风貌来说，皇宫是至关重要的一部分，至少在要求恢复皇宫的人们眼里是这样。为造声势，“恢复皇宫派”于1993年在作为原皇宫旧址一部分的马克思–恩格斯广场上搭起脚手架，挂上画有1:1皇宫立面图的帆布，一时成为媒体关注的焦点。

自然，反对恢复皇宫的也大有人在。在他们看来，恢复皇宫不仅是浪费巨资，而且在社会各方面已发生深刻变化的今天这样做更是心理和智力衰弱的表征。对于两种对立的意见，竞赛组委会采取的策略是不置可否，既不明确主张恢复皇宫也不将它完全排除在外，而是把这个问题交给参赛的建筑师们。从一千多个参赛方案来看，建筑师们的回答大多数也是既不主张恢复皇宫也不完全否定它的历史，而是以新建筑为载体通过某种形式（如平面格局或体量）暗示皇宫的历史存在。在这方面，获得一等奖的柏林建筑师贝恩特·尼布尔（Bernd Niebuhr）提交的方案是最为典型的一个。它用一个新的会议中心占据皇宫的全部旧址，同时赋予会议中心一个与皇宫极为相似的体量，所不同的是没有了皇宫的穹顶，另外整个建筑中还增加了一个椭圆形的内院。

尼布尔的方案是以拆除占据皇宫旧址三分之一的共和国宫为前提的。对于这个问题，不同意见的差距之大并不在皇宫问题之下。作为民主德国的代表性建筑之一，共和国宫曾经拥有的多重混合功能在一定意义上恰恰是施普雷河心岛地区设计竞赛任务书中刻意要求的。它不仅具有政府建筑的性质，而且更有公共餐厅酒吧、展览、表演场所以及保龄球馆等休闲娱乐设施。据说，即使在民主德国召开国家会议期间，其他活动也仍在进行。柏林墙倒塌后共和国宫倒是没有马上被关闭，然而1991年初因被发现有大量对人体有害的石棉污染，从此便成为一座“鬼城”。石棉污染的发现使许多政府官员尤其是来自西柏林的政府官员主张将其拆除，理由是拆除另建的费用将远远低于清理修整的费用。但是1993年年中出台的一份由石棉污染清理专家撰写的独立性研究报告却表明后者的费用实际只有前者的一半，因为根据联邦环境法，即使拆除另建也必须先清理石棉污染。与此同时，夏隆设计的西柏林时代的著名建筑之一柏林爱乐音乐厅也发现存在石棉污染，不过却没有人提议将它拆除。对此许多东柏林人甚感不平，于是发起一场拯救共和国宫的运动。在许多东柏林人看来，共和国宫首先是一座公共性的文化建筑，其重要性绝不亚于爱乐音乐厅对于西柏林人的意义。

也许出于对是否拆除共和国宫的不确定性的考虑，德国老一辈建筑师翁格尔斯（Oswald Mathias Ungers）提交了一个获四等奖的方案。它由两部分组成：先假设保留共和国宫，以小体量的建筑与之围合成广场；如果共和国宫能够拆除，那么就以相似的建筑补齐整个综合体，从而再现昔日皇宫的边线轮廓。即使不能，第一期工程与共和国宫形成的整体以及与河岸的关系似乎也足以向人们提示该地区的历史格局，可谓煞费苦心，也更加体现了统一后的柏林城市建设的诸多不确定性。

然而无论是什么方案，都因科尔政府财政部长的财政削减而搁浅。与此同时，越来越多的人认识到石棉污染并不能成为拆除共和国宫的充分理由，以及用一个新的立面设计清理共和国宫技术、意识形态和美学含义的可能性。新一任建设部长克劳斯·德普福尔（Klaus Töpfer）也在上任后宣布暂停拆除计划。也许正如施普雷河心岛地区设计竞赛任务书早就将曾是纳粹当局肆意掠夺犹太人财富的总部的国家银行大楼（Reichsbank）归为可保留建筑一样，共和国宫作为德国历史见证的意义也是可以超越政权和意识形态差异的。建筑毕竟不是政治意识形态的注脚。

05 柏林新建设

自1989年东、西柏林统一以来，在所有与建筑和城市设计有关的事件中大概有两件是最富有戏剧性的。一是库哈斯的公开信并宣布退出波茨坦广场地区设计竞赛评委会；二是主张恢复皇宫的团体在老皇宫原址树立起足尺比例的皇宫立面图，以张声势。可以说，前者代表的是最为激进、最为前卫的思想倾向，而后者代表的则是最为保守和倒退的势力。大多数人或激进或保守，但都介于以上二者之间。历史也许会记住极端，但真正能施展身手的似乎还是经过妥协的“中庸”力量。事实上，自从退出波茨坦广场地区竞赛评委会后，库哈斯再也没有参加这个曾经作为他思想之起点的城市的任何建筑活动（包括面向全世界的设计公开赛），而要求恢复皇宫的势力也许并不死心，但终难成气候。柏林的新建设就是在批评、争论、妥协、并存中进行的。各种力量有所得亦有所失。施迪曼“批判性重建”的街块和统一建筑高度的原则似乎在弗里得里希大街北端的建设中得到了较为彻底的贯彻，而“柏林式建筑”也由曾经作为1987年国际建筑展主要组织人之一并首先提出“批判性重建”概念的保罗·克莱伍艾斯通过基本按原样恢复设计的勃兰登堡门两翼建筑作了最好的表现。但是，如今已基本建成的波茨坦广场地区戴姆勒－奔驰和索尼地块的建筑群体很难再说是施迪曼意义上的“批判性重建”，更远非所谓的“柏林式建筑”。亚历山大广场地区和施普雷河心岛地区的建设被无限期推迟，其未来究竟如何不得而知。另一方面，代表“高技”思想的福斯特设计的国会大厦玻璃穹顶亦已建成并吸引着千千万万的游人。大体按照舒尔特斯（Axel Schultes）1993年的设计竞赛一等奖方案实施的施普雷河湾地区（Spreebogen）的联邦德国政府建筑群正在紧锣密鼓的施工建造之中。该设计竞赛也许是“后柏林墙”时期的重大城市设计竞赛中最顺利也最没有争议的一个。来自世界各地的八百三十五个方案参加了此次竞赛，舒尔特斯的方案以其简洁优雅的概念脱颖而出。此后虽然因为方案中的开放性公共空间与政府官员要求的“私密性”发生冲突等问题而不得不对方案进行修改，舒尔特斯还是得以保留方案的主要概念，同时他也成功地在总理府建筑的单项设计竞赛中获胜。未来在这里出现的将是联邦德国新的国会大厦、总理府以及属于政府机构的一系列辅助性建筑。

但是，让我们暂且离开关于建筑的风格和形式以及城市的历史和现实的争论，将注意力转向柏林新建设中没有太多的媒体报道但实质上却十分重要的一个内容：在可持续发展原则指导下的城市和基础设施建设。这也是关系到统一后的柏林如何建设的一个重大问题。在这方面柏林作出的努力是巨大的。

作为战前一个世界性的大城市，柏林的基础设施建设具有良好的传统。比如，它的地铁系统曾经是世界上最为完善的系统之一。东、西柏林的分裂割断了原先穿越市中心的主要地铁干线，东、西柏林不得不各自重新形成自己的系统。柏林重新统一后，跨越东、西柏林的地铁线很快恢复，许多路面交通也同时得到恢复。然而，东、西柏林毕竟在近半个世纪的分裂中发生了很多变化，恢复使用的交通设施效率低下，加之统一后柏林重新成为德国乃至欧洲的中心，城市的政治、经济和文化功能与先前大不相同，因而交通流量大增。很快，问题就变得相当明显：如果不妥善地解决交通问题，柏林的发展将受到很大的限制。

但是，单纯增加交通流量是远远不够的。在一个可持续发展已成为人类共同目标的时代，交通问题的解决必须朝有利于环境的方向努力，同时满足柏林作为一个国际性大都市的要求。在这方面，柏林的目标很明确：大力发展公共交通，尤其是快速轨道交通，减少对私人小汽车的依赖。为此，联邦及柏林市政府与德意志铁路公司（Deutsche

Bahn AG)联手，计划至2000年在轨道交通建设上投资200亿马克，将柏林建成一个轨道交通发达的大都市，实际早在20世纪初柏林规划者就提出了这一理想。这意味着柏林不仅必须具有发达的市内轨道交通，而且与周边地区和整个欧洲的速轨系统都要有便捷的联系。

柏林的速轨交通素来是地铁（U-bahn）与路面轨道(S-bahn)交通相结合，即使是所谓地铁也绝非完全在地下，这样既可以加快建造速度又可以降低造价。新的柏林速轨系统继承了这一传统，它通过延长和加建（地上和地下并举），将已有的线路联成一个高效快捷的系统。其中约9公里长的南北新干线含有一段约3.5公里长的地下部分。它北起位于施普雷河湾以北的莱尔特新站（Lehrter Bahnhof），南至波茨坦新建筑群终点处的兰特威运河（Landwehrkanal）南侧，穿越整个国会行政区、蒂尔加登中央生态绿化区和波茨坦广场地区等组成的柏林新中心区。除此之外还有地铁五线延长段和地铁三线以及作为城区公路环线一部分并与波茨坦广场地区的戴姆勒－奔驰和索尼等大型建筑群体有单独运输出入口相连的公路隧道（长度2.4公里）。它们的规划、设计和建造与中心区的新建筑群同步进行。

值得一提的是如此巨大的工程（建筑加基础设施），有数千万吨的建材和从地下挖掘出来的泥土需要运进运出，还要保证该地区的正常交通并避开具有保护价值的绿化环境。为此有关部门成立了专门公司，统一为各施工场地跑运输。另外，采用什么施工方法和建筑材料都预先经过了慎重的考虑，以减少施工对环境的不利影响。比如：充分利用已有数百年历史的蒂尔加登公园以及冷战形成的大片空地形成公共空间和生态绿化区相结合的城市中心，可谓一项明智之举，也是符合柏林新建设中努力保护城市中现存自然生态环境和园林景观之原则的。南北新干线以隧道形式穿过中心敏感地带，目的就是确保公共空间和蒂尔加登中央生态绿化区的完整性。为此采用了先进的全封闭式机械开隧技术，以保证表面土层不被破坏。

然而不破坏表面土层并不一定能够保证绿色植物不受伤害。在很多情况下，地下饱和层中水分的多少对植物生长的影响是至关重要的，而地下隧道的挖掘以及建筑地下层和地基开敞式施工对地下水位的状况都有直接的影响。因此有关部门根据德国联邦自然保护条例（Bundes- und Landesnaturschutzgesetz）制定了严格的地下水管理措施。首先对不同地区和不同树种对地下水的依赖程度进行调查，然后对敏感树种所在地区采用特定的计算机软件对施工中各个阶段的情况进行模拟，从而尽可能精确地协调建造工期，减少对地下水位和自然环境的影响。施工期间对地下水的实际情况还有严格测量，一旦发现水位太低或太高，相应的注水和排水措施即刻就会跟上。

新建设还对建筑的生态性质提出要求，如必须实行新的能源供给方式，节省能源和减少有害物质的释放；在建筑中采用节能技术，取代空调；争取最大程度的隔热效果；使用环保型、健康型的建筑材料；强化建筑投资者（开发商）在建设后勤管理和地下水资源管理方面的职责。为确保生态措施的贯彻执行，有关部门指定了专门的建筑生态学家负责相关的监督管理。在设计人员的配合下，旧的习惯性做法得到纠正，新的智能技术得到应用。建筑灌模使用的润滑油已由过去对环境有害的矿物油改为菜籽油等植物油，全空调系统的使用大大减少，窗户重新成为开启式的，以增加自然空气的循环。皮亚诺设计的德比斯公司大楼采用双层立面，外层立面以角度可作变化的玻璃板组成。它们可随着角度的不同调整建筑不同部位的窗户承受的风压，减少噪音，改善自然通风和采光的效果。皮亚诺还在立面上大量使用生态型的陶瓦饰面，为传统材料在现代建筑上的使用开创了新形式。

据统计，生态措施使波茨坦广场地区戴姆勒－奔驰地块的建筑与全空调式建筑相比能量消耗减少了一半。为节省水资源的消耗，地块内19幢建筑都设置了专门系统，收集约五万平方米的屋顶上接纳的雨水，用于建筑内部卫生洁具的冲洗、绿化植物的浇灌以及补充室外水池的用水。据估计，光是这一项每年即可节约两千万升饮用水（与大多数发达国家一样，德国的自来水是经过严格处理而达到饮用水标准的）。另外，地块内的建筑改变各自为政的做法，统一使用由柏林比瓦柯能源公司（Bewag）中心地区能源站以最先进的联合热暖技术（combined heating and power technology）生产和提供的中央采暖、冷气和电力，其二氧化碳释放量与传统的能源供给方式相比减少七成，相当于九千六百幢独立式住宅的二氧化碳释放量，在从建筑的角度减少大气污染、改变日益严重的“温室效应”上迈进了一步。

06 尾声

柏林是城市建筑史的浓缩，柏林之旅既是建筑历史和建筑思想之旅，也使我们看到当代建筑文化面临的困境以及人们为走出困境所作的种种努力。柏林曾经辉煌过，柏林正努力再创辉煌。然而表面的辉煌并不是一个城市真正激动人心的地方，至少维姆·文德斯的作品《柏林的天空》曾经向人们证实这一点。作为一个在20世纪的历史中扮演过重要角色的城市，柏林正从一个冷战时期“非同一般”的“意识形态战场”变为一个恢复“常态”的城市。“批判性重建”的全部劳作似乎就在于它致力于加速和强化这一转变。但是，作为一种城市设计原则，柏林的“批判性重建”究竟是一种过渡性的解决方法，还是表达了城市的“本质”？显然，如果是“本质性”的，它的有效性是十分有限的，也无助于寻回柏林的城市特色。尽管有1980年代的国际建筑展以及柏林统一后波茨坦广场地区和施普雷河湾地区的大运作，真正的柏林，或者说现实中的柏林仍然是一个充满断裂、冲突的和自发性的城市，并因此获得它的丰富性、活力和诗意。如果是过渡性的，那么至少在目前人们还无法看到任何真正与之不同而又能够取而代之的东西。查尔斯·詹克斯(Charles Jencks)曾经在他的新作《跳跃宇宙的建筑》(*The Architecture of the Jumping Universe*)中用“完全的失败”(fiasco in Berlin)来形容柏林的新建设，未免有些言过其实。但无论是获奖的竞赛方案还是已经建成，或正在建设之中的城市设计并无太多的新意却是众多评论家公认的事实。笔者认为，倒是柏林在大规模现代化建设中融合可持续发展原则具有某种程度的开拓意义。柏林还在建设和变化之中。一个红色的“信息盒”(Info Box)自柏林统一后的新建设开始之日起就对世人宣布柏林将成为21世纪城市文化的楷模。柏林在继续建设、发展、争议中……

大卫·奇普菲尔德：柏林博物馆岛詹姆斯·西蒙画廊

11

密度的实验[1]

1 最初发表于《时代建筑》2000年第2期（总第55期）"实验建筑"专辑，录入本文集时有修改。

一般认为，荷兰是世界上人口密度最大的国家之一。也许就一个国家的总人口与总面积的平均关系而言这一说法有其道理，但是荷兰的城市远不属于世界上人口和建筑密度最高的城市之列。事实上，香港、曼哈顿、里约热内卢、上海的密度远高于荷兰城市。相比之下，荷兰的许多城市看上去倒像低密度的郊区和乡村。尽管如此，密度却成为荷兰当代建筑师思考的一个理论问题，并由此转化出特定的“实验性”建筑。这或许可以解释为荷兰作为一个高人口密度国家的历史和现状对荷兰建筑师思维方式的影响，但是我以为仅这一点并不足以说明问题。更重要的原因应该是荷兰作为欧洲现代建筑的发源地之一，其深厚的现代建筑传统（贝尔拉格、风格派、结构主义等）已经远远超越单纯的形式问题（或者从形式谈形式）。换言之，在诸多非（建筑）形式的问题中，密度问题不过是借助荷兰文化中的“密度情结”更有现实性而已。以雷姆·库哈斯（Rem Koolhaas）为首的“大都会建筑事务所”（Office for Metropoliitan Architecture，简称OMA）和更为年轻的MVRDV小组（组名以它的三个主要创始人Winy Maas, Jacob van Rijs, Nathalie de Vries姓氏中的第一个字母组合而成）就是这类当代荷兰建筑师的代表。

我记得是在《世界建筑》杂志1992年第6期上第一次看到库哈斯为日本福冈设计的庭园式低层高密度住宅，当时我为收集自己博士论文的素材，正在清华大学参加吕俊华先生团队的北京南池子改建项目。尽管这个项目后来由于规划政策方面的原因没有实施，但是这个项目涉及的南池子地区从传统四合院到住户在院中不断搭建后的大杂院的变化还是让我对建筑覆盖率意义上的“密度”产生了某种敏感。因此，从一开始我就注意到库哈斯地块的不规则曲线形状，而且这种不规则形状与总平面没有太多必然关系。我当时的想法是库哈斯在进行一个有趣的密度试验。首先，库哈斯的策略是“满铺”，即将建筑占满整个基地，而一块非规则形状的地块无疑比规则形状的地块更能体现“满铺”的意义。当然，这里所说的“满铺”更多地是指建筑的边缘充斥整个基地，因为既然是院落式住宅，建筑就不可能是真正的满铺，而必须为没有建筑覆盖的院落留有余地。据库哈斯自己介绍，他在福冈采用的院落住宅形式与他之

库哈斯：福冈住宅平面与门牌号码

前的柏林南弗里得里希城区规划设计方案中的院落住宅一样，都承袭了密斯在20世纪早期院落住宅的策略，即将院落式住宅集合起来形成城市街块。但是与密斯的院落式住宅相比，库哈斯福冈住宅的院落更小（称为小天井似乎更合适），并且建筑层数由一层或两层变为三层。作为一种结果，或者也可以说作为一种前提，住宅中最需要光线和空间高度的起居室以及家庭成员聚集的就餐室被一反常规地置于三层，而不是中国使用者习惯的底层，或者柯林·罗（Colin Rowe）在《理想别墅的数学》一文（The Mathematics of the Ideal Villa）阐述的帕拉第奥和勒·柯布西耶别墅中作为“主要楼层”（piano nobile）的二层。在此，波浪形屋顶增加了起居室空间的开阔和明亮，而对于基地上经“压缩”后容纳的24套住宅中的大多数卧室等其他空间来说，天井和“吹拔”就成为自然采光和通风的唯一途径，而且很多房间也不可能朝南。将库哈斯福冈住宅称为探求低层高密度住宅新形式的别具一格的创造性尝试并不为过。

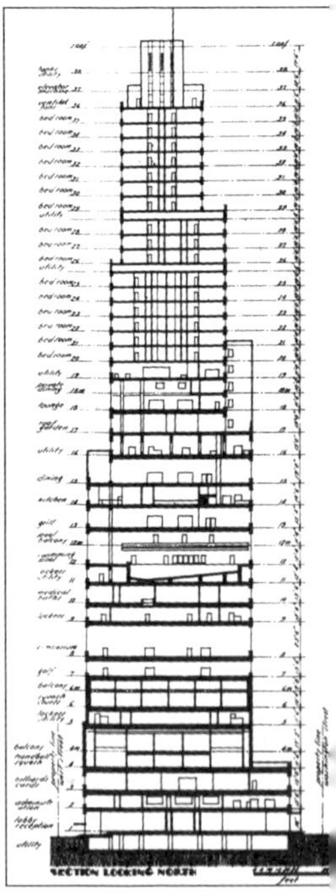

组约下城体育俱乐部剖面图

库哈斯对密度问题的关注由来已久。早在1970年代中期对纽约曼哈顿的研究中，库哈斯就用“拥挤文化”（the Culture of Congestion）来概括曼哈顿的本质。所谓“拥挤文化”，从最直观的角度来看就是曼哈顿式摩天楼“物体”的高层高密度集聚，或者说曼哈顿式高层高密度城市形态是“拥挤文化”最直接的物质表现。但是，物质意义上的高密度并不是“拥挤文化”的全部含意。事实上，在库哈斯那里“拥挤文化”与其说是物体的“拥挤”，不如说是“空间内容/内容计划”（program）[2]的“拥挤”。这就是为什么库哈斯将“下城体育俱乐部”（The Downtown Athletic Club）视为曼哈顿“拥挤文化”典型代表的原因。所谓“下城体育俱乐部”实为一幢位于曼哈顿南端（亦称下城或“市中心”）靠近哈德逊河（Hudson River）岸边的摩天楼，建于1931年，38层，高约163米。从形式上看它与曼哈顿早期出

2 Program是建筑学的基本内容之一，但是在中文建筑学中一直没有约定俗成的名称。在*The Language of Architecture: 26 Principles Every Architect Should Know*的中文译本中，台湾学者吴莉君将其译为“空间内容”，见《建筑的语言——从想到做，每位建筑人都想掌握的26个法则》，原点出版，2015，第4章。本文集部分采用这一名称，根据上下文语境将其与“内容计划”区别使用，前者用于一种实际结果的表达，后者更接近于一种理论概念和设计构想。

现的其他摩天楼没有太大区别，然而却是曼哈顿"内容计划"最为丰富的摩天楼之一。顾名思义，它的"内容计划"都与体育或者说人的健身运动相关，壁球、台球、拳击、游泳、高尔夫、浴疗，以及附带的餐饮和住宿等，不同的内容以叠加的方式在同一幢摩天楼里获得空间。摩天楼因此成为最好的"社会聚合器"(social condenser)，它将不同乃至完全相反的生活方式在高度上叠加在一起，形成独特的都市"拥挤文化"，而且在一个既定建筑内，这种"拥挤文化"的"内容计划"具有不定性，它可以根据需要变化和更新。据此，库哈斯得出曼哈顿研究的结论之一：在摩天楼组成的都市中，人们无法再通过单一功能认知单一地块。结论之二：摩天楼建筑外部和内部具有完全不同的性质——外部是看似充满塑性但实则十分僵化的物体，真正重要的是其内部包罗万象、为都市人提供各种迥异生活体验的"内容计划"。[3]

在高层摩天建筑全球（包括中国）遍地开花的今天，在我们的生活环境也充斥着各种内容丰富的"休闲娱乐中心"的时代（通常也是以多层叠加的形式容纳在某个建筑之内），下城体育俱乐部作为一种"拥挤文化"的代表也许已经不再具有太多的独特性。有趣的是库哈斯将"拥挤文化"的概念移植到完全没有摩天楼建筑的巴黎拉维莱特公园（Parc de la Villette）规划设计时所做的尝试。提起拉维莱特公园，人们马上会想起由屈米（Bernard Tschumi）设计的红色"解构主义"建筑小品。应该说，库哈斯和他的都市建筑事务所为该公园的规划设计竞赛提交的方案远没有屈米建筑的轰动效应，但是它的"实验性"却有过之而无不及。这是一个类似"下城体育俱乐部"的最大限度追求内容含量及其变化可能性的"高密度"设计，力图表现现代都市纷繁的"拥挤文化"。但是，如果"下城体育俱乐部"的"拥挤文化"多少还依托于建筑的话，那么库哈斯的拉维莱特公园则首先是"非（建筑）实体的拥挤"。它将规划设计竞赛任务书上给予的"内容计划"分解，然后用比拟手法将分解后的"内容计划"与设计者认为应增加的以及未来可能出现的未知的"内容计划"相加，按"下城体育俱乐部"的剖面结构在基地上平放，其结果是由不同条状"内容计划"组成的

库哈斯/OMA：拉维莱特公园设计方案模型

3 Rem Koolhaas, 'Life in the Metropolis' or 'The Culture of Congestion', in *Architectural Design*, No. 5 (1977), p.324.

“水平式拥挤”。这样做的好处是在避免单一内容在单一地块过分集聚的同时最大限度地获得“内容计划”配置的任意性和随意性，并且随着条状“内容计划”之间界面的增加，最大限度地促进彼此之间渗透和变化的密度与强度。当然，条状“内容计划”的排列组合并不足以构成整个拉维莱特公园的设计。以点状分布在基地内的售货亭、野餐和儿童活动场地、交通和道路、包括科技博物馆等已有建筑以及新增加的绿化巨盘和方形金字塔在内的“主构件”都是新拉维莱特公园必不可少的组成部分。与条状“内容计划”（包括植物带）一起，它们共同构造了一个“高密度”现代都市的缩影。在这里，“密度”的概念被赋予全新含义。

库哈斯对下城体育俱乐部为原型的曼哈顿“拥挤文化”的诠释以及在拉维莱特公园规划设计中对“拥挤文化”的再诠释是自觉应用西班牙超现实主义画家达利（Salvador Dali）“发明”的“批判性偏执妄想方法”（Paranoid-Critical Method）的具体实例。关于“批判性偏执妄想方法”，库哈斯在《癫狂的纽约》（*Delirious New York*）一书中曾经这样总结它的本质：它（指批判性偏执妄想方法）是“两个前后连续而又小心翼翼的操作过程：①用新的眼光对偏执妄想狂看世界的方法进行模仿复制，从中获取大量未曾意想的结果、类比和模式；②将这些似是而非的思辨进行压缩以致达到这样一种具有事实浓度的批判性程度：它将偏执妄想式观光所收集的‘纪念品’和具体证据进行客观化建构，进而将其中的‘发现’反馈到整个人类，就如抓拍的照片一样既显著又不可否认”。[4]毋庸讳言，这是一段相当晦涩的对“批判性偏执妄想方法”的概括和解释。或许我们可以用更为简单明了的语言对它来一番改造：首先，“批判性偏执妄想方法”是对世界的一种建立在足够事实基础上的、不求完全正确但求别开生面的创造性诠释；其次，“批判性偏执妄想方法”不是随心所欲和无稽之谈，相反，它的本质是理性，它通过理性将分析转化为创造。

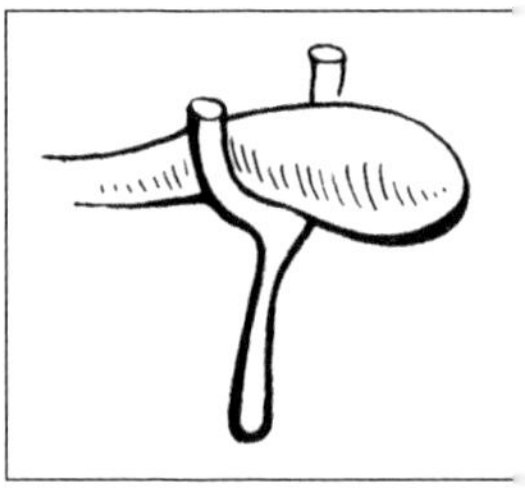

达利：“批判性偏执妄想方法”图解

可以说，正是这种“批判性偏执妄想方法”贯穿了库哈斯全部职业生涯（包括理论和实践），也正是这种“批判性偏执妄想方法”给欧

4 Rem Koolhaas, *Delirious New York: A Retroactive Manifesto for Manhattan* (New York: The Monacelli Press, 1994), p.238. 也见《癫狂的纽约：给曼哈顿补写的宣言》，唐克扬 译，生活 · 读书 · 新知 三联书店，2015，第363-364页。

洲新一代具有探索精神、既进行理论研究和建筑教育又从事创作实践的建筑师以莫大启发。来自荷兰的MVRDV小组就属于这类建筑师，只是“批判性偏执妄想方法”的理性特征在他们那里得到了更为彻底的表现。表现之一就是MVRDV小组称之为“数据景观”（Datascape）和“最大容积率”（FARMAX）的“崇高化的实用主义”（sublimized pragmatism）。在MVRDV看来，建筑师素来对纪念性造型以及特殊的崇高事物有着一种职业性偏好。但是，在我们身边和日常生活中却存在着大量寻常乃至平庸的问题和事物等待我们用非同一般的眼光和智慧去看待和处理。无论是过去和现在我们都需要一种“狄更斯式”的能力，它能够在平庸中看到崇高，在混乱中看到逻辑，在局限中看到可能性。MVRDV的策略是“批判性偏执妄想”性质的，即直截了当地面对建筑和城市中许多司空见惯的问题（如规范、资金、业主的要求等），将它们极致化（或最大化），用赤裸裸的数据分析对它们进行鞭挞，借以摆脱传统的思维方式，获得对问题的新的洞见。在这里，分析取代哲理，数据取代形式，“研究”取代艺术直觉。

密度问题是MVRDV“数据景观”研究的重要内容，其范围并不局限于荷兰，香港、曼哈顿都是他们研究的对象。此外与密度相关的光线、日照和噪音等问题也是“数据景观”的研究内容。据笔者看，这些研究在许多情况下与其说是以解决某个实际问题为目的，不如说是一种纯粹的思维方式的训练和演绎。但至少有一点在MVRDV的研究中清楚地显现出来：在极致的状态下，任何要求、规则或者逻辑都以纯粹和不可预见的形式得到显示，它们超越于艺术的直觉和已知的几何形体。难道不是吗，香港别具一格的高层高密度住宅的格局和形式以及因为“非人道”的超级密度（每公顷一万三千人）已经被拆除的九龙城（Kowloon Walled City）的空间结构和类型都是在极致情况下呈现出来的非常形式。这些都能为我们带来启示：虽然建筑师的工作常常受各种条件的制约（比如密度及其规范的限制），重要的是将制约转化为可能性，以制约寻求空间和形式。

也许没有其他什么能够比MVRDV小组自己的建筑更能充分说明这一点。1990年代中期建于阿姆斯特丹附近的花园城市奥斯道尔普（Osdorp）的一幢老年人公寓是MVRDV小组成立后完成的第一个建筑作品。它的建设是该市对战后住宅小区加大密度改造计划的一部分。甲方要求在基地内建造100套老年人公寓。设计者面临的问题是，一方面要尽量少占用地面面积以继续保持该地区花园城市的特点，另一方面又不能使建筑的高度超过城市法规的限制（九层）。按照老年公寓的面积标准，一幢既符合基地范围限制又保证邻近建筑足够日照时间的九层建筑最多只能容纳87套老年公寓。还有13套置于何处呢？为它们在基地内安插一幢建筑固然可以，但空地面积必然减少，不符合保持该地区花园城市特点的既定方针。MVRDV提出的解决方法既大胆又新颖：将13套老年人公寓悬挑在建筑的北侧，使它们成为不占用地的“空中楼阁”。作为各种制约因素“挤压”而来的产物，它们不规则地分部在建筑的立面上，使原本被外走廊统治的建筑立面充满戏剧性和嬉戏性。同样，在建筑的南立面上，阳台和窗户的大小、位置和做法都一反公寓住宅建筑元素上下左右对齐的惯例，充分展现随意和自由的原则。加之木材饰面的采用，这些都为老年人公寓的建筑平添许多生气。

MVRDV：奥斯道尔普老年公寓及设计概念图解

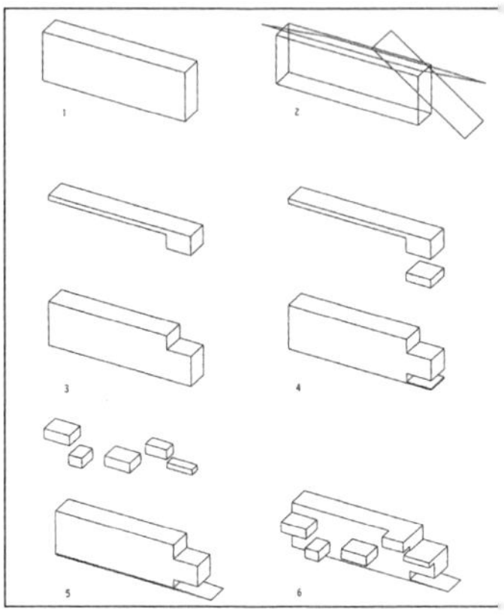

位于荷兰城市乌得勒支（Utrecht）的两户联体别墅是MVRDV小组的另一个建筑作品，坐落在一排面向该市一个古老城市公园的联排式别墅中间的一块300平方米的空地上。与奥斯道尔普的老年公寓相比，该建筑面临的问题不是来自日照和间距，而是两户的主人都想获得面对城市公园的开阔的建筑朝向，以及与屋顶平台和花园的良好关系（虽然两户所需的建筑面积并不相等）。换言之，这是一个规模不大却十分典型的“拥挤文化”问题。设计者的对策首先是将建筑进深减少到最小，让建筑向高处发展。这样做既可将尽可能多的基地面积留给后花园，又可增加建筑面对城市公园的绝对朝向。一系列比较研究后，MVRDV将两户之间的剖面关系处理成相互咬合关系。其结果

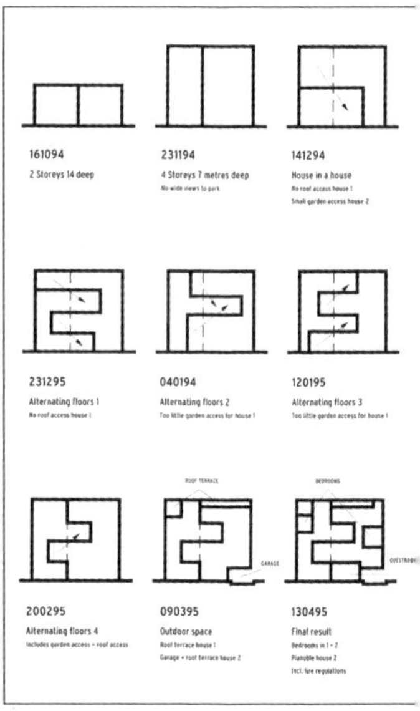

MVRDV：乌得勒支双宅设计概念发展剖面图解

是两户都获得了丰富的室内空间，同时满足在建筑朝向和与屋顶平台以及后花园关系上的基本要求。为此，该建筑的结构体系和奥斯道尔普老年人公寓一样，也经过特殊设计。首先，它没有使用通常意义上的砖混或者框架结构，而是以预应力梁、钢柱和在关键受力点布置的混凝土阳台构成自身的结构体系。这不仅带来建筑立面设计的充分自由，而且更重要的是使内部空间在水平和垂直方向自由流通成为可能，建筑在通常意义上的“层”的概念被充分化解。此外，如果说密斯建筑中的流通空间是以建筑平面为媒介进行设计的话，那么MVRDV的两户联体别墅中的流通空间则是直接通过剖面进行设计。如果说自由平面是密斯建筑的特征的话，那么MVRDV的两户联体别墅则以自由剖面为特征。它是“自由剖面”的设计。

库哈斯拉维莱特公园方案的条状组合思想也在另一个年轻的荷兰景观建筑师小组“西方8号”(West 8)的阿姆斯特丹港口住宅新区规划设计中得到体现。为均衡土地开发和基础设施的昂贵造价，这个住宅新区的规划采用在空间使用和总体造价上都具有优势、又与阿姆斯特丹城市住宅传统相吻合的联排式低层高密度住宅形式，同时出于空间和建筑变化的需要，在关键部位安排了两个足以打破联排式住宅单一城市空间结构的朝向各异的八层高的巨型周边式建筑体块（它在实施中成为后来以“巨鲸”[the Whale]著称的周边式围合住宅)，以及一个有着“巨型坐椅”别称的建筑体块(这个体块后来被一个相对低调、没有多少特别形式的围合式住宅取代)。它们在体量和形式上打破了联排住宅的范式，意图是成为整个规划设计的画龙点睛之笔。

MVRDV小组为联排式住宅中的12和18号地块做了具体的建筑设计，地块尺寸都是5米宽、12米进深。12号地块住宅的主人是一对分别为雕塑家和创作活动顾问的夫妇。设计者将原本在低层高密度压力下宽度已经不算大的基地一分为二，其中一半为住宅的主体建筑占据，另一半形成一个半私密半公共的“窄巷”。这一多少出人预料的“切割”不仅将住宅一侧的街道与另一侧的运河在空间上连接起来，而且一改联排式住宅只有沿街立面没有体积的惯例，使体积的重要性大大超过立面。与此相应，主体建筑只有面向窄巷的一侧大面积使用玻璃，其他为实墙，而窄巷上方的建筑体块则呈

MVRDV
阿姆斯特丹港联排18号地块住宅模型

塑性状。相比之下，18号地块的建筑看上去更多是遵循联排式住宅的传统格局。但是经过精心的剖面设计，这个建筑的空间结构与一般联排住宅大相径庭：它的前后两侧是在不同层面上的两至三层的起居和就餐空间，分别面向街道和运河；中间夹着其他私密性辅助内容。此外设计者还成功地在有限的地块上为该住宅营造了一个面向运河的户外庭院，可谓房屋虽小五脏俱全。它与12号地块住宅以完全不同的方式展现了低层高密度的“拥挤文化”，以及“在狭缝中生存”的艺术和建筑魅力。它们虽然是规模微不足道的住宅建筑，却是当之无愧的实验建筑，准确地说，它们是密度的实验。

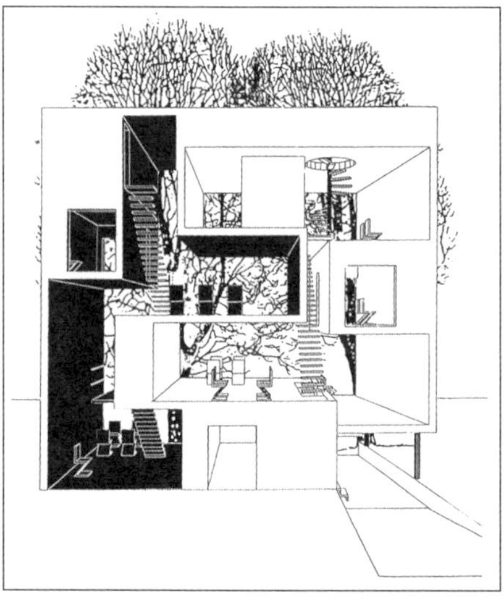

左：乌得勒支双宅剖面图解　右：*FARMAX：Excursions on Density*封面

阿姆斯特丹港联排住宅

12

日常

建筑学的一个“零度”议题[1]

1 最初作为2016年5月21日东南大建筑学院与澳大利亚墨尔本大学建筑系联合举办的“日常生活——现代主义的空间设计与实践”国际会议上的发言，后发展成文，分上、下两部分连载于《建筑学报》2016年第10期（总第577期）和第11期（总第578期），录入本文集有修改。

在《欧洲建筑概论》(*An Outline of European Architecture*)中，建筑史学家尼古拉斯·佩夫斯纳(Nikolaus Pevsner)有一个著名论断："自行车棚是建物；林肯大教堂是建筑。"(A bicycle shed is a building; Lincoln Cathedral is a piece of architecture.)一般认为，佩夫斯纳的这一论断道出了"建筑"不同于"建物"的关键之处：它能够承载文化、宗教、民族、社会政治的意义并激发人的审美情感。这就是建筑艺术，它是建筑学的核心。就本文的主题而言，我们也可以认为，佩夫斯纳的论断透露了这样的信息：所谓"正统"建筑学就是将"日常"排除在外，它让自己专注于一种以宏大意义和审美情感为载体的高定义的建筑学。

一定意义上，伯纳德·鲁道夫斯基(Bernard Rudolfsky)谓之"非正统建筑简明导论"(a short introduction to non-pedigreed architecture)的《没有建筑师的建筑》(*Architecture without Architects*)就是对这种高定义建筑学的一次根本性冲击，尽管"日常"议题并未出现在鲁道夫斯基的论述之中。然而，20世纪对"日常"的关注由来已久，而这种关注对建筑学的影响也不容忽视。事实上，如果说从20世纪早期的超现实主义到1960年代的波普艺术还只是与"日常"之间的一种非理论化纠缠，那么在文化思想界，瓦尔特·本雅明(Walter Benjamin)、亨利·列斐伏尔(Henri Lefebvre)、格奥尔格·卢卡奇(Georg Lukács)、米歇尔·德·塞杜(Michel de Certeau)等响当当的名字已经使"日常"变成理论话语的重要议题。如果说现代建筑运动对大众住宅的关注仍然不够"日常"，那么随着20世纪60年代对现代建筑运动的反思而在史密森夫妇(Peter and Alison Smithson)、独立小组(the Independent Group)以及简·雅各布斯(Jane Jacobs)、文丘里夫妇(Denise Scott Brown and Robert Venturi)那里出现的主张和观点则被长期关注这方面讨论的中国学者视为"对日常生活的研究和阐述"。[2]

那么，"日常"意味着油盐酱醋、衣食住行、街头巷尾、生老病死吗？它意味着经验、常识、习俗、杂谈闲聊、自发思维、天然情感吗？我们是在从现象学到哈贝马斯(Jürgen Habermas)所谓的"生活世界"(Lebenswelt)或者我们更为熟悉的《浮生六记》的意义上谈论"日常"吗？更为重要的是，为什么要在建筑学中讨论"日常"？"日常"能够

2 汪原：《"日常生活批判"与当代建筑学》，《建筑学报》2004年第8期(总第432期)，第18-20页。

在理论层面成为一个建筑学议题吗？要回答这些问题，本文无意重述和援引本雅明、列斐伏尔、德·塞杜甚至更为当代的雅克·朗西埃（Jacques Rancière）、丹尼尔·米勒（Daniel Miller）的主张和思想轨迹，尽管引述这些思想家常常会为我们的讨论赋予更多“理论”色彩，[3]也不打算对已经被学者注意和阐述的从史密森夫妇到文丘里夫妇的建筑化“日常生活批判”进行更多的深究，尽管他们确实曾因“日常”议题在20世纪后半叶的建筑学发展中独树一帜。本文的意图首先是将“日常”作为建筑学的一个足以对佩夫斯纳式的或者非佩夫斯纳式的高定义建筑学观念形成质疑和批判的“零度”议题——在中国建筑学语境中，它则是对本质主义和形而上的“中国建筑”和“中国性”观念进行反思和质疑的一种途径。其次，本文旨在将这个议题置于当代建筑学的理论语境进行讨论。在这个问题上，笔者的基本立场是，如果我们要把“日常”从“家长里短”的现实经验以及建筑师实践案例的直接性转变为一个建筑学议题，理论语境的在场就不可避免——尽管本文涉及的大多数建筑理论语境最初并非与“日常”直接相关。唯有这样，我相信，才能避免在“日常”议题上被建筑学反智主义绑架；而且，鉴于中国建筑学早已不是自足的范畴这样一个基本事实，我们面临的理论语境常常也是国际性和世界性的。

01“零度”

本文的“零度”概念首先来自罗兰·巴特（Roland Barthes）和他的《写作的零度》（*Le degré zéro de l'ériture*）。在当时法国思想文化的语境中，这部于1953年问世的小册子既是巴特文学主张的一部宣言，也是对让-保罗·萨特（Jean-Paul Sartre）如日中天的《什么是文学》的质疑和挑战。萨特将文学视为一种“介入”世界（社会和政治）的方式，承载着文学对于“自由”的责任和使命。“介入”就是干预他物，就是与意义打交道。在萨特那里，二战及其对纳粹的抵抗所展现的强烈的“历史性”为这种“介入”的文学观提供了最好的合法性基础。与之不同甚至针锋相对的是，巴特“将文学作为一种‘迷思’（myth），其核心作用首先不在于呈现世界，而是将自己呈现为文学”。[4]作为激

3 见 *The Everyday Life Reader*, ed. Ben Highmore (London and New York: Routledge, 2002).

4 Adam Thirlwell, "Forword: Notes on Revolution after Barthes" in *Writing Degree Zero*, ed. Roland Barthes, trans. Annette Lavers and Colin Smith (New York: Hill and Wang, 2012).

进的左翼知识分子的一员，巴特对萨特的“介入”主张感到怀疑，在文学上更倾向于一种中性克制、避免情感四溢、拒绝政治狂热的“零度写作”。对于后者来说，重要的是文字和形式而不是意义。写作因此成为一种文字和形式的探索。巴特以阿尔贝·加缪（Albert Camus）的“白色写作”（ériture blanche）为例，它曾经被萨特视为对责任和政治倾向的拒绝。但是在巴特看来，加缪实践的是一种“非介入”的介入，其实验性写作的政治意义是隐性的和潜在的。归根结底，如果有什么意义可言，那么它首先是对“文学”的既定意义和秩序的反抗，当然，也包括对语言桎梏的反抗。

巴特与萨特之间的这场文学之争似乎以巴特的胜利告终，因为文学批评理论的风头后来就转向巴特所在的“后结构主义”一边。但是，这一切与建筑学有何相干？简要回顾一下2000年前后那场轰动一时的“投射性建筑学”（projective architecture）与“批判性建筑学”（critical architecture）之争（也称“后批判”与“批判”之争）对于理解这个问题也许不无裨益。作为这场争论中被攻击的对象，长期占据“批判性建筑学”制高点的艾森曼曾经在20世纪70年代初提出一个“建筑自主性”的理论，也就是他对勒·柯布西耶的多米诺住宅（Maison Dom-ino）进行元素分解和形式演绎的“自我指涉符号”（self-referential signs）理论。[5]有趣的是，尽管艾森曼没有直接援引巴特，但是这个“自我指涉符号”理论多少像是巴特《写作的零度》的形式主义倾向及其“零度意义”的建筑转化。它似乎要以塔夫里（Manfredo Tafuri）社会文化批判的姿态出现，但又对形式依依不舍，最终只剩下对柯林·罗（Colin Rowe）的人文主义形式立场的反戈一击，走向剥夺了建筑元素固有意义的“自我指涉的符号”（除了自身的形式及其相互关系之外别无意义）以及以此为基础的形式主义。对于艾森曼来说，这既是建筑的“自主性”，也是一种“批判性”，因为它致力于在形

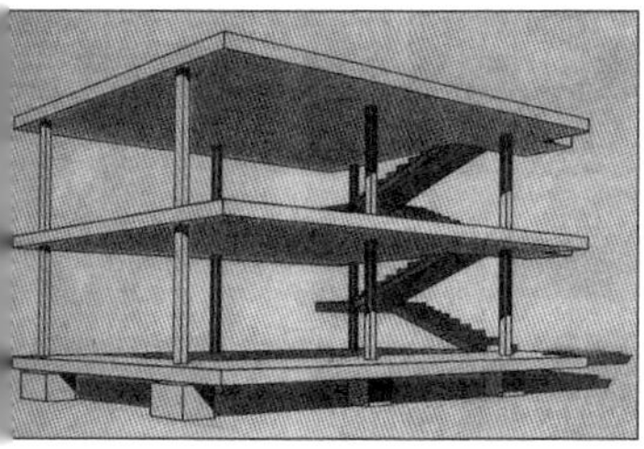
勒·柯布西耶：多米诺住宅

艾森曼：现代主义与自我指涉的符号
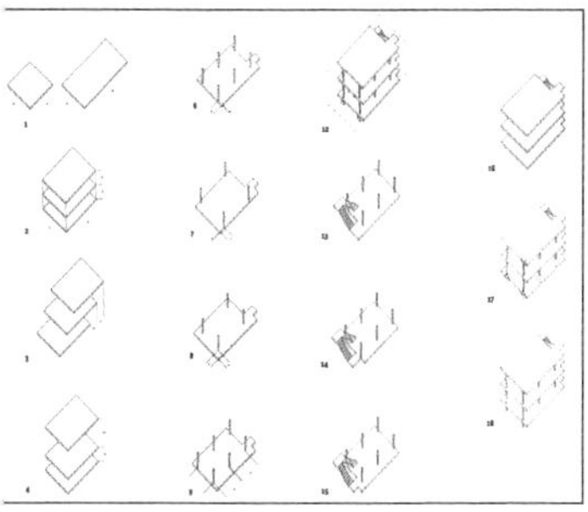

5　彼得·艾森曼：《现代主义的角度：多米诺住宅与自我指涉的符号》，范凌 译，《时代建筑》2007年第6期（总第98期），第106-111页。

式层面对学科进行“内在性”批判。然而，在曾经是艾森曼学生但转而主张“投射性建筑学”的罗伯特·索莫（Robert Somol）和莎拉·怀汀（Sarah Whiting）看来，这种“批判性建筑学”正是走火入魔、陷入自我迷恋的建筑学的一种表现。因此，作为对艾森曼“批判性建筑学”的质疑和批判，他们不仅试图以“多普勒效应”（the Doppler Effect）说明打破“批判性建筑学”自闭的学科边界、加强建筑学与外部现实世界的互动关系的必要，而且借用媒体研究学者马歇尔·麦克卢汉（Marshall McLuhan）在以电影为代表的“热媒介”（hot media）和以电视为载体的“冷媒介”（cold media）之间的区分来阐述“投射性建筑学”与“批判性建筑学”的不同：

> 总体而言，学科性从批判到投射的转换可以被表达为冷却的过程，或者，依据麦克卢汉的观点，是学科从“热”版本到“冷”版本的转换。批判性建筑学之所以是热的，就在于它热衷于将自身与常规的、背景化的以及匿名的建筑生产状况区分开来，并着力刻画这种差异……如果说“冷却”是一种混合的过程（多普勒效应因此就是一种冷的形式），那么“热”则通过区分进行抵抗，而且意味着极度艰难、繁琐、努力、复杂。“冷”是轻松悠闲的。[6]

因此，如果说从萨特的《什么是文学》到巴特的《写作的零度》是一个从“热”到“冷”的文学观的转变，那么在艾森曼那里，“批判性建筑学”以“自我指涉符号”的“零度意义”的形式游戏再次将建筑学置于一种“高处不胜寒”的境地。联系到本文伊始出现的佩夫斯纳的著名论断，这个“高处不胜寒”的境地也可以这样表述：尽管艾森曼绝非佩夫斯纳的信徒，大概也不会接受佩夫斯纳在林肯教堂和脚踏车棚之间作出的区别，但是就其实质而言，艾森曼的“批判性建筑学”是以另一种方式将自己与现实的、平凡的甚至混乱的建筑学外部世界充分割裂开来，因而只能在了无休止、常常也十分晦涩的自我“批判”和“超越”中自娱自乐。这就是“批判建筑学”的“热”，而从“自主”进入现实，致力于与建筑学外部条件的融合和互动则是“投射性建筑

6　罗伯特·索莫、萨拉·怀汀：《关于“多普勒效应”的笔记和现代主义的其它心境》，范凌 译，《时代建筑》2007第2期（总第94期），第112-117（115-116）页。本文引言部分措辞参考原文进行了修改。

学”倡导的“冷”，或者说学科的冷却过程。索莫和怀汀并没有真正界定他们所谓的“现实”的确切含义，他们在“多普勒效应”一文最后提出的主张是“尊重、重组多元经济、(社会)生态、信息和社会群体”，[7]显然，这是一个十分宽泛和模糊的范畴。但是另一方面，这种宽泛和模糊似乎也不难理解，因为“现实”是一个非实指性对象，如果不加限定，它可能是一切，也可能什么都不是。对于本文而言，这个“现实”就是“日常”，更准确地说是作为建筑学“零度”议题的“日常”。换言之，如同日常生活与文化理论学者本·海默尔(Ben Highmore)需要从“塑造日常”(figuring the everyday)开始他的导论(introduction)一样，[8]本文是对作为建筑学“零度”议题的“日常”的塑造。这是一个不完全的塑造，它忽略了“日常”议题的一些方面，同时强化了另一些方面，以期形成一条与建筑学理论相关的特定的思想路线。

02 篠原一男、坂本一成、塚本由晴

据我所知，除意大利建筑史学家布鲁诺·赛维(Bruno Zevi)外，[9]日本建筑师篠原一男是另一位在建筑学思想中明确使用“零度”概念的人物，他在1980年代初的一篇文章中用“走向零度机器”(Towards the zero-degree machine)来描述自己的建筑发展。在篠原一男看来，“零度一词本身并无意义，它只有在相对于我谓之的‘热状态’(hot state)才具有意义”。[10]那么，什么是篠原一男的“热状态”？或许，在日本现代建筑的语境中，我们或许可以将丹下健三以日本传统和现代建筑表现技巧相结合而产生的“国家风格”(national style)作为这种“热状态”的代表。至少，一定程度上，这可以被视为篠原一男以日本住宅室内空间为载体的早期建筑研究和实践会被建筑历史学者视为对丹下健三充满象征性外在形式表达的公共建筑的批评和挑战的原因。[11]

然而更准确的理解也许是，篠原一男对“零度机器”的兴趣其实

---

7 同上，第116页。

8 Ben Highmore, *Everyday Life and Cultural Theory: An Introduction* (London: Routledge, 2002), Chapter 1 Figuring the Everyday.

9 Bruno Zevi, "Il grado zero della scrittura architettonica" in *Pretesti di critica architettonica* (Turin: Einaudi, 1983), pp.273-279. Valerio Paolo Mosco, "Naked Architecture," in *Naked Architecture* (Milano: Skira, 2012), Note 10.

10 Kazuo Shinohara, "Towards 'the zero-degree machine'" in *Perspecta: The Yale Architectural Journal*, Volume 20 (1983), pp.44-45 (44).

11 David Stewart, *The Making of a Modern Japanese Architecture: From the Founders to Shinohara and Isorski* (Tokyo: Kodansha International, 2002), p.206 and p.211.

篠原一男：白之家（第一样式）

篠原一男：横滨的自宅模型（第三样式）

在更大程度上针对的是他自己之前的工作，即他称之为"第一样式"和"第二样式"的建筑。篠原一男认为，如果"作为日本建筑传统组合之呈现的象征性空间类型浓缩了历史中长期积累的'热意义'(hot meaning)"，那么他的早期阶段的工作"一直致力于处理的就是承载这一'热意义'的空间"。[12]正是出于对风格化的日本式"有机空间"为诉求的"第一样式"和反风格化的日本式"无机空间"为特征的"第二样式"的质疑和批判，篠原一男此后的建筑呈现出一种从"日本空间"及其"意义"的"热状态"向立方体和"机器"持续转变的过程。在这个过程中，传统日本建筑的"空间意义"被努力排除，取而代之的是越发抽象和含混的几何形式和建筑元素。用篠原一男自己的话来说，这是一个"向冷空间逐步转变"(gradually shifting towards a cold space)的过程。[13]

篠原一男摆脱"热状态"的努力与他对几何和"机器"的热衷相辅相成。有趣的是，这也在一定程度上导致后者对前者的瓦解。换言之，尽管日本建筑的"意义"已经不再是篠原一男追求的目标，但是"走向零度机器"后的篠原一男作品(特别是他的"第三样式"和"第四样式"[14])仍然呈现出一种形式和美学上的"热状态"，从而自觉与不自觉地瓦解了他意欲创造的"冷空间"。作为篠原一男的最得意门生，坂本一成很早就意识到篠原一男建筑的这一问题，从此致力另辟蹊径。如果说篠原一男的重要性在于他将传统视为出发点而非终点，那么坂本一成的突破则在于他认识到，对于建筑学而言，"形式只是建筑的手段而非目的"。[15]换言之，与篠原一男建筑所呈现的几何和"机器"的"强形式"(strong form)和"热状态"不同，坂本一成的建筑致力于一种"弱形式"(weak form)，[16]一种"反高潮的诗学"(poetics of

12 Ibid.

13 Ibid.

14 关于篠原一男建筑从"第一样式"到"第四样式"的发展，见篠原一男作品集编辑委员会 编：《建筑：篠原一男》，东南大学出版社，2013。

15 王骏阳：《强形式与弱形式：与坂本一成的访谈》，载《反高潮的诗学：坂本一成的建筑》，坂本一成、郭屹民编，同济大学出版社，2015，第142-147页。也见王骏阳：《理论·历史·批评（一）｜王骏阳建筑学论文集1》，同济大学出版社，2017，第123-136页。

16 同上。

anti-climax)。用他最具代表性的表述来说，这是一种"日常的诗学"(poetics in the ordinary)，一种将自己置身于"绝对平凡的日常"(the absolute commonness of the everyday)的空间与身心自由。[17]也许，没有什么比篠原一男设计的东京工业大学百年纪念馆和坂本一成设计的东京工业大学藏前会馆更能鲜明地展现两者建筑诉求的差异。

坂本一成曾说，更为年轻的建筑师中与他的建筑理念最有共同之处的是他的学生塚本由晴。[18]在笔者看来，塚本由晴对建筑学的理解与坂本一成确有许多传承和共同之处，但也减少了坂本思想中的思辨成分，从而使自己能够更加直面当代城市和环境。在这方面，除了一系列未出版的专题研究手册之外，塚本由晴、贝岛桃代和黑田润三合著的《东京制造》(*Made in Tokyo*)以及以东京工业大学塚本研究室与犬吠工作室(Atelier Bow-Wow，又译"汪工坊")名义出版的《宠物建筑指南》(*Pet Architecture Guide Book*)可谓两个最为著名案例。不同于坂本一成在"日常"与"非日常"(或者说日常元素的重新洗牌)之间走钢丝般的艰难平衡——同样艰难的还有在形式与非形式、修辞与非修辞、概念与非概念以及在构成、即物性、结构、场所和城市之间的平衡，塚本由晴的成就在于对城市中司空见惯的"滥建筑"(da-me architecture)的系统研究。正由于这一研究，他重新发现了今和次郎在20世纪早期开展的"考现学"(modernology)研究的价值。值得注意的是，后者正是以反对伊东忠太为代表的"艺术建筑论"和"事大主义"，主张将建筑学的关注点转向都市生活中的日常而在当时的日本学界独树一帜。[19]

在建筑学观念方面，塚本由晴还提出了一种旨在对人类、社会、建筑物的行为进行研究的"行为学"(behaviorology)。[20]他也坦言自己曾经受到列斐伏尔《空间生产》(*The Production of Space*)的影响，这或许为他的建筑思想赋予了某种哲学和社会学色彩。尽管如此，他对城市和日常的强烈兴趣和关注仍然是建筑性的。更准确地说，他致力于在超越建筑师和学科范围的社会"自发"力量中寻求对建筑学的启迪——也许，我们可以称之为鲁道夫斯基"没有建筑师的建筑"的现代都市版本。在这方面，篠原一男与塚本由晴的另一个差异就十分

17 Kazunari Sakamoto, *House: Poetics in the Ordinary* (Tokyo: TOTO Shuppan, 2001), p.7.

18 王骏阳:《强形式与弱形式：与坂本一成的访谈》，第143页。

19 郭屹民:《考现的发现：再现日常的线索》，《建筑师》2014年第5期(总第171期)，第6-21页。

20 Atelier Bow-Wow, *Behavirology* (New York: Rizzoli, 2010).

值得注意：在篠原一男那里，从“第一样式”到“第四样式”，不同发展阶段的演变和转化可以说是以一种艾森曼式的自我反省和批判为动力的；与之不同，塚本由晴的“第四代住宅”实践则完全与他自己之前的建筑作品无关，而是相对于在东京城市中出现的早先几代住宅类型及其与城市关系的发展演变的“行为”而言的。

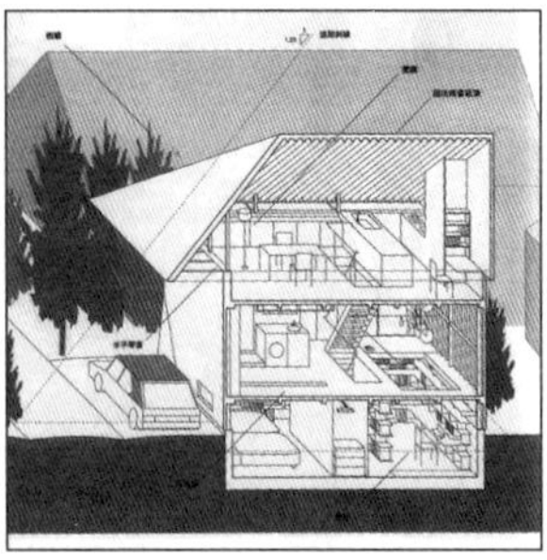

塚本由晴：第四代住宅——Gae House

塚本由晴：第四代住宅——自宅及工作室

“第四代住宅”表明，也如同我们在《后泡沫城市的汪工坊》(*Bow-Wow from Post Bubble City*) 中可以看到的，塚本由晴的研究不仅能够将具体的城市现象转化为类型 (typology)、深度 (depth)、小 (smallness)、组合朝向 (combined orientation)、微公共空间 (micro public space)、缝隙空间 (gap sapce)、混杂 (hybrid)、占据 (occupancy) 等建筑学议题，而且也在相当程度上将这些观察和对话中产生的思考体现在自己的建筑设计和作品之中。[21]尽管少了些许坂本一成式的思辨，但是与坂本的建筑一样，这些设计和作品不仅立足于城市和日常现实，而且拒绝现实的模仿和复制，这与文丘里在《向拉斯维加斯学习》(*Learning from Las Vegas*) 之后逐步走向过于符号化的建筑实践有很大不同。一定意义上，我们甚至可以说他的设计仍然是“艰难的”和“劳作的”，而非索莫和怀汀所谓的“轻松的”和“悠闲的”——事实上，这样的“艰难”与“劳作”何尝不是文丘里“母亲住宅”等早期最为优秀的建筑的特点，[22]虽然从一开始文丘里就被评论家视为“灰色派”的代表人物，其建筑主张也常常被认为与艾森曼所在的“白色派”相去甚远，而艾森曼也在数十年之后仍然将“母亲住宅”视为20世纪下半叶的十个“经典建筑”(canonical buildings) 之一。[23]

21 Atelier Bow-Wow, *Bow-Wow from Post Bubble City* (Tokyo: Inax, 2006).

22 参见*Mother's House, The Evolution of Vanna Venturi's House in Chestnut Hill*, ed. by Fredric Schwartz (New York: Rizzoli, 1992).

23 见彼得·艾森曼：《建筑经典1950—2000》，范路 译，商务印书馆，2015。

03 刘家琨与西村大院

在过去的近十年间，通过展览、研讨会、讲座、设计教学、互访以及个人交流等方式，篠原一男、坂本一成、塚本由晴的建筑思想和实践对中国建筑师和学界产生了不容忽视的影响。这种影响本文后面还会再谈到。但是，远在中国建筑师和学界对篠原、坂本、塚本产生兴趣之前，某种意义上的“现实”转向其实已经出现在刘家琨的建筑思考和实践之中。他的早期建筑作品和“此时此地”的思想曾被冠以“批判地域主义”和“抵抗建筑学”之类的称谓，不过他自己在这些问题上的看法却比较谨慎和低调。在给建筑学者朱剑飞的一封公开信中，刘家琨这样写道：

> 我并不天天都想到国际化，因为你躲都躲不掉；我也不时时想到地域性，因为你天天都在这里。牢牢地建立此时此地中国建造的现实感，紧紧地抓住问题，仔细观察并分析资源，力求利用现实条件解决这些问题，这些问题已经奠定了“中国性”，这些问题自会与时俱进，使你保持“当代性”，如果在解决问题时有一些创造性，“个人性”也就随之呈现—这是我的基本方法。[24]

不可否认，刘家琨的建筑发展也经历了从早期作品相对强烈的形式诉求向近年来对这种形式的刻意弱化以及更为低调的“匿名性”(anonymous)形式操作的转变——用本文之前使用的术语来说，这是一种在建筑形式语言上由“热”到“冷”的转变。以具体建筑为例，如果说曾经使刘家琨声名鹊起的何多苓工作室和鹿野苑石刻博物馆在前者之列，那么他新近完成的成都西村大院则无疑属于后者。

刘家琨：何多苓工作室

与何多苓工作室和鹿野苑石刻博物馆不同，西村大院是一个典型的城市项目，它的基地位于成都西部城区一片自1980年代逐步形成的从超高层到低层高度不一但相对普通的高密度居住区之中。这也是一个“巨无霸”项目，基地东西和南北方向分别长237米和178米，包含了地下影城和娱乐设置、餐厅、商店、

24 刘家琨：《给朱剑飞的信》，《时代建筑》2006年第5期(总第91期)，第67-68(67)页。

工作坊、创意产业、运动休闲、球场和各种运动设施。项目之前位于基地上的高尔夫球场被取消，而同样已存在的一个游泳场则被改造为多功能大厅，成为整个项目的一部分，与主要入口比邻。整个项目的容积率为2.0，覆盖率40%，建筑高度限制在24米以下。

刘家琨：西村大院及周围城市环境

所谓“大院”，得名于该项目显著的周边式围合的建筑解决方案。乍看起来，这个解决方案与欧洲城市周边式街区的形态不无相似之处。因此，在对西村大院的评述中，建筑学者和评论家朱涛不仅将其与欧洲城市史上的诸多案例相提并论，而且特别用斯特林(James Stirling) 1958年的剑桥丘吉尔学院(the Churchill College, Cambridge)设计竞赛方案以及罗西(Aldo Rossi) 1962年的都灵新政府中心(Centro Direzionale, Turin)设计竞赛方案与西村大院进行比较。有趣的是，尽管显示了一系列相似之处——如都位于城市传统核心的外围，都不再信仰现代主义的规划原则，都采用了周边街廓巨构的形态，朱涛的比较更似乎是为了说明西村大院与这两个方案的不同，如斯、罗方案的功能单一与西村大院的“业态混搭”；西村大院水平低矮的建筑形象和阔大的内院与周边高层建筑群之间的强烈反差使大院形式成为提供某种调节城市密度的必要，而这样的必要性在斯、罗方案中似乎并不存在；斯、罗方案只是在形式上依托自身的城市传统，而西村大院则不然，它是社区凝聚力的一种体现。[25]在笔者看来，更重要的区别或许还在于，虽然斯特林和罗西都采用了传统的欧洲城市形态，但是它们不仅内容比较单一，而且都在空旷的周围环境中处于一种非城市化的孤立状态，其形态意义大于城市意义。相比之下，西村大院不仅业态繁杂，而且属于高密度城市及其日常生活的一部分(尽管处于城市传统核心的外围)，其周边式围合形成了一个完全的公共性空间，因而绝不仅仅是一个形式问题。

朱涛指出，无论我们可以在西村大院和欧洲城市形态上看到多少相似，与欧洲城市形态的比拟其实与刘家琨的设计意图没有多少关系。同样，在笔者看来，尽管西村大院具有某种意义上的城市“公社”或“社区”(朱涛称之为“新集体”)之感，因而令人想起塔夫里

25 朱涛：《新集体——论刘家琨的成都西村大院》，《时代建筑》2016年第2期(总第148期)，第86-97(89)页。

(Manfredo Tafuri)所谓“红色维也纳”的卡尔·马克思大院(Karl Max Hof)所体现的社会意识形态，[26]或者1950年代中国在苏联影响下出现的大院式住宅模式，这样的相似性其实也不在西村大院设计者的考虑之列。在此，区别不仅在于卡尔·马克思大院和1950年代的中国大院的基本要素都是城市住宅，而西村大院则是一个完全没有住宅的“大院”，而且也在于(集体主义)意识形态的缺失。实际的情况也许是，“大院”形态只是刘家琨对场地、建筑的内容计划(program)以及周围环境的直接反应——某种意义上，这种直接性几乎可以用直觉来形容。根据刘家琨在与笔者访谈中的陈述，从设计一开始他想得最多的就是如何为纷繁复杂同时又在很大程度上不确定的建筑内容提供一个既简单又有效的物质性框架，而地块本身和周围城市环境的既有形态则为一个巨大的周边式围合大院提供了形式和概念基础。

因此，与其将西村大院与欧洲城市形态进行类比，不如对它与斯蒂芬·霍尔(Steven Holl)设计的成都来福士广场(the Riffles Plaza)之间的异同做一番审视。两者都通过一个强烈的周边围合形式来定义自身及其与周围城市的关系，但是，就在来福士广场努力将自己塑造成一个标志性建筑的群体之时，西村大院则反其道而行之，刻意弱化了自己的城市形象。换言之，与来福士广场旨在创造一个不同凡响的惊艳形式和城市标志的努力不同，西村大院所呈现的平凡性和日常性则是其设计者刻意追求的。相应地，它也采用了一种与来福士广场截然不同的低造价策略。在这里，刘家琨从鹿野苑石刻博物馆到再生砖计划练就的十八般武艺都派上了用场。

斯蒂芬·霍尔：成都来福士广场

刘家琨：西村大院局部

最值得一提的还是这种低造价的“粗野”策略中“内外有别”的建筑立面处理。外部立面面对城市街道，本应属于商业重点，设计者却刻意回避了当前在商业建筑中司空见惯的“双表皮”做法，转而采取了一种类似停车库的建筑语言。用意大利建筑评论家莫斯戈(Valerio Paolo Mosco)的术语来说，这是一种“裸露的回归”(the return of nudity)，其目的就是摆脱过去数十年愈演愈烈

26 曼弗雷多·塔夫里、弗朗切斯科·达尔科：《现代建筑》，刘先觉等 译，中国建筑工业出版社，2000，第166-169页。

的“表层包裹式建筑”(architecture of envelopes)。[27]与此同时，这种“裸露的回归”也是西村大院营造更为放松、自由、随意的日常性的重要手段。随着用户的入驻，能够在这种“裸露的回归”中改变建筑立面的是各个业主的店招和商业标志，尽管按照建筑师的要求，它们应该被统一在一定的高度位置和大小范围之内。类似的控制策略也体现在大院内部的立面上，但是由于观看距离和角度的增加，大院内部的建筑立面更像一个市井生活的长卷，或者一个令人应接不暇的舞台场景。

西村大院的“日常性”就是在这样两个层面塑造出来的：一方面是低造价“粗野”策略下颇为低调的立面和细部处理，另一方面则是某些建筑元素的强烈呈现，这类元素既包括前面已经说到的“巨无霸”式的大院形式，也包括在大院围合的北立面上呈交叉状态的双向坡道，以及与坡道连接在一起并分别在二层屋顶进入大院内部和在四层屋顶环绕大院的走道。这些坡道和走道彼此相连和贯通，形成一个巨大的运动健身路线。这多少像是勒·柯布西耶的“建筑漫步”(promenade architecturale)，也令人想起屈米(Bernard Tschumi)惯用的将坡道与事件(events)相结合的策略。[28]当然，如同与欧洲城市形态的关联并非刘家琨的出发点一样，这种“坡道+事件”的屈米式关联很可能也是刘家琨在设计时未曾意识到的。笔者更愿意将它置于刘家琨自己的建筑实践的发展语境中进行理解。事实上，坡道元素并非第一次在刘家琨的建筑中出现，早期的何多苓工作室和鹿野苑石刻博物馆都曾使用过坡道。但是，如果说这两个早期作品在很大程度上还只是将坡道作为一种形式元素来使用的话，那么西村大院的坡道及其与屋顶走道的相互穿插无疑必须从建筑的“内容计划”的层面进行理解。借用屈米的术语来讲，它是以空间、事件和运动(movement)为手段，对建筑的“内容计划”进行“交叉”(crossprogramming)、“转换”(transprogramming)乃至“分解”(disprogramming)的结果。[29]

刘家琨：西村大院运动坡道与茶座的并置

27 Valerio Paolo Mosco, *Naked Architecture* (Milano: Skira, 2012).

28 朱涛：《新集体——论刘家琨的成都西村大院》，第90页。

29 伯纳德·屈米：《建筑概念：红不是一种颜色》，B篇“程序：并置与叠置”，陈亚 译，电子工业出版社，2014。

不过，与屈米的建筑相比，西村大院更加有意识地将建筑的“内容计划”与“日常”联系在一起。而且，在笔者看来，与屈米的概念能力大于设计能力的情况相比，刘家琨在设计和建造上的把控能力显然更胜一筹。

就其对建筑的“内容计划”的操作而言，我们确实可以将西村大院视为一个超尺度的“社会聚化器”(social condenser)，但却是一个缺少了发明这一概念的俄国构成主义者曾经赋予它的社会意识形态的“社会聚化器”[30]——因此也更接近本文所谓作为“零度”议题的“日常”。毋宁说西村大院是以戏剧化和礼仪化的方式对纷繁复杂的日常生活在内容和视觉上的并置和呈现。就此而言，笔者更愿意将西村大院与超现实主义处理日常生活的“拼贴”(collage)或者“蒙太奇”(montage)艺术实践联系起来。根据日常生活与文化理论研究学者本·海默尔(Ben Highmore)的观点，鉴于日常生活常常会因“司空见惯”而成为“视而不见”之物，超现实主义的“拼贴艺术实践就是允许日常重新变得虎虎有生气，因为这种实践把日常转移到一个令人莫名惊诧的语境中，把它放在异乎寻常的组合中，使司空见惯的东西变得让人耳目一新”。[31]海默尔指出：

> 超现实主义不仅是一门使司空见惯的东西变得异乎寻常的技术；超现实主义中的日常本身就已经奇异非凡（这和拼贴艺术有些相像）。在超现实主义那里，日常不是一个看似熟悉而平庸的王国；只是我们拘俗守常的思维习惯才会如此看待日常。归根结底，奇迹只有在日常中才能出现。因此拼贴艺术既是打破将日常置于常规之下的思维习惯的方式，也是呈现日常的有效方式。正是在日常的这种现实性当中，例如，在经过一个旧货商店时，我们发现伞和缝纫机在一张解剖桌上组成了一种拼贴。[32]

诚然，在创造日常元素的动态蒙太奇方面，西村大院远不如超现实主义那么极端，那么“超现实”，它也缺少超现实主义者的激进色彩

30 “社会聚化器”是俄国构成主义的建筑理论，由M.金兹堡于1928年提出，其中心思想是建筑具有对社会行为施加影响和改造的能力，其核心是建筑中的“集体主义”(collectivism)。

31 本·海默尔：《日常生活与文化理论导论》，王志宏 译，商务印书馆，2008，第80页。

32 同上。中文版此处有漏译，本文引文参考原文有调整。

和叛逆姿态。尽管如此，超现实主义在日常中看到奇异，同时又在奇异中看到日常的策略和艺术实践仍然可以提供一个有趣的视角，让我们理解西村大院集平凡与非凡于一身的精妙之所在。重要的是，这个“非凡”恰恰不是当代建筑学所热衷的形式的非凡，而是建筑的“内容计划”及其表达的非凡。

04 从《上海制造》到《小菜场上的家》

如果，正如本文此前所述，篠原一男、坂本一成、塚本由晴的建筑思想和实践曾经以各种方式在过去的近十年间对中国建筑师和学界产生影响，那么《上海制造》就是这一影响的体现之一。它是同济大学建筑与城市规划学院硕士研究生在李翔宁教授的带领下与塚本由晴合作研究的成果，最初曾以2013年3月在上海外滩美术馆举办的一个名为“样板屋”的展览示人。将这部著作视为近年来中国建筑学界为数不多的具有建筑学价值的城市研究成果并不为过，因为它不仅放弃了大多数中国城市研究过于空泛和理想化的思维方式，转而尝试一种更为直接和现实的观察角度，而且在这样做的时候，避免了通常容易陷入的“社会学”数据统计误区，保持了建筑学研究的独特性和视角。更重要的是，它为我们展现了在学科教条以及既有建筑和城市规范和模式之外建筑存在的方式和可能，而且在大多数情况下，这个研究呈现的不是文丘里《向拉斯维加斯学习》所关注的符号或者装饰，而是城市的异质空间和建筑的“空间内容”(program)的超常规并置和叠加，以及在城市“压力”下建筑体量的丰富性和多样性。

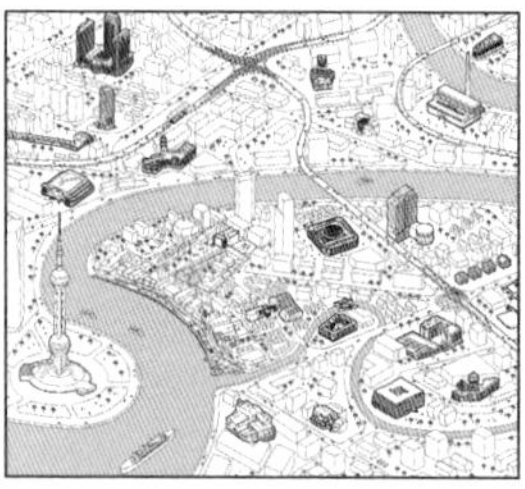

《上海制造》VS《东京制造》

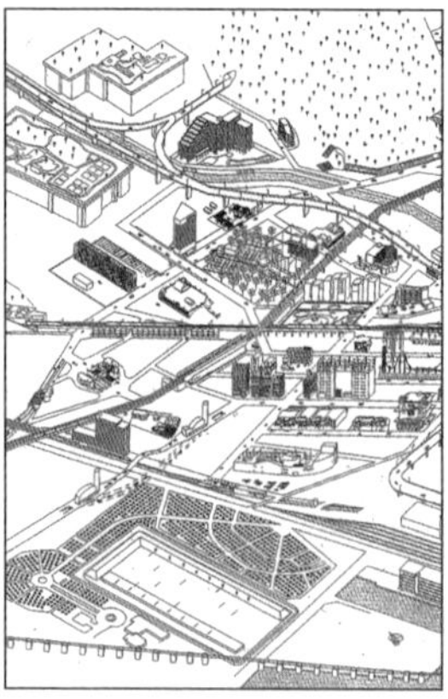

这无疑也是《东京制造》的特点。应该说，无论对于城市和建筑的基本态度的观察视角，还是调研结果的呈现方式，《上海制造》都与《东京制造》有太多的相似之处。然而，《上海制造》的“抱负”似乎更大。《东京建筑》只关注“滥建筑”，而《上海制造》的研究对象既包括属于《东京制造》“滥建筑”范畴的“基础设施”和“日常建筑”，也包括不在“滥建筑”(至少是塚本意义上的而非文丘里意义上的“滥建筑”)范畴之列的“标志建筑”“隐喻建筑”和“历史建筑”。[33]《东京制造》只关注东京城市中通常被忽视的“平凡”和“日常”，而《上海制造》则试图全方位地展现上海。更值得注意的是，与《东京制造》以“滥建筑”回答“什么是东京制造？”这个特定问题的做法不同，《上海制造》追问的是“什么是上海？”这样的终极问题，以及从这个问题所能得到的以上海为代表的“东方都市”或者“当代亚洲都市”对“西方模式”的“补充”甚至“颠覆”的结论。[34]就此而言，如果说《东京制造》只是一个“小叙事”或者“局部叙事”，那么《上海制造》则是“大叙事”和“整体叙事”。就连塚本由晴都在该书的序言中这样写道：

> 上海最让我感兴趣的是，从这些建筑中能观察到多样的政治和文化背景。这正是这批建筑物的特点，同时也是“上海制造”研究的核心思想。最有名的一些案例位于前租界或外滩，它们叙述着上海在那个年代作为世界最大国际港口的故事。甚至那些不知名的建筑物也向我们诉说着无数故事，比如共产党的诞生，新中国的住房政策，对“大跃进”的反思，有中国特色的社会主义，亚洲被卷入全球化，等等。[35]

很显然，这样的兴趣点和研究问题在《东京制造》中完全不存在，它关注的只是“日常”的“滥建筑”本身，而不是政治文化背景和意识形态或者其他什么。《东京制造》的观察细致入微，局部而非整体。当然，这并不意味着它没有思考、总结和归类。书中的10个关键词就是后面这一点的最好表征，它们是：“交叉范畴”（cross-category）、“自动尺度”（automatic scaling）、“宠物尺寸”（pet size）、“物流都市”（logistic urbanity）、“运动的”（sportive）、“副产品”（by-product）、“都市居住”（urban dwelling）、“作为机械的建筑”（machine as building）、“都市的生态系统”（urban ecology）、“虚拟基地”（virtual site）。这一点之所以值得注意，不仅在于《东京制造》与《上海制造》的某种差别，而且也因为它能够在一定程度上说明，“日常”作为一个

33 江嘉玮、李丹锋：《重构一种异质的类推城市："上海制造"的研究方法与视野》，载《上海制造》，同济大学出版社，2014，第28-33（29-31）页。

34 李翔宁：《上海制造：一个当代都市的类推基因》，载《上海制造》，第22-24（24）页。

35 塚本由晴：《序二：上海制造》，载《上海制造》，第10页。

“零度”议题究竟应该在何种意义上理解并进入建筑学。

在笔者看来，《上海制造》与《东京制造》的区别还在于“理论研究”与“设计研究”的区别。相较于《上海制造》宏大的理论问题，《东京制造》根本无意回答“什么是东京？”或者东京是否可以作为“东方都市/亚洲都市”的代表来“补充”和“颠覆”“西方模式”，因为这些问题从来都不是塚本由晴的设计问题。《东京制造》首先是一个“设计研究”，或者说是以设计思维对东京进行的研究。无疑，这不意味着塚本由晴和犬吠工作室可以将《东京制造》的观察直接用在设计之中——这种直接使用可能是晚期文丘里式的。诚如塚本由晴在《后泡沫时代的汪工坊》中指出的：

> 我们通过《东京制造》这类研究对城市空间进行观察，但是原封不动将其中发现的各种案例应用于实际设计的可能少之又少，就算有也是危险的做法。……在实际的设计中，我们需要对《东京制造》的前提和功能重新进行审视，并且将它们作为一组元素进行分解。我一直在思考如何在分解之中重新赋予形式。[36]

因此，尽管表面上看似与《东京制造》不无相同之处，《上海制造》的眼光和问题终究是“理论”而非“设计”的。这或许就是为什么《上海制造》很难像《东京制造》那样给设计真正带来启发的原因。需要强调的是，笔者完全无意否定《上海制造》在更大的理论议题上进行思考的价值——毕竟，建筑学无法与其他问题完全割裂开来，而且如果将《上海制造》与在中国最先受到《东京制造》影响的《一点儿北京》相比，它显然没有像后者那样将绘画作为自己的最终目的。问题在于，通过这本《上海制造》是否可以轻易得出以上海为代表的“东方都市”和“当代亚洲都市”对“西方模式”的“补充”甚至“颠覆”结论，或者《上海制造》描述的现象是否真的不存在于伦敦或者柏林这样的“西方”城市。换言之，理论议题是重要的，但是理论的结论恐怕没有那么容易得出，即使得出也难以令人信服。

正是在“日常”与设计的关系方面，同样由同济大学出版社出版的《小菜场上的家》凸显了它的重要性。这是一个以同济大学建筑学

36 Atelier Bow-Wow, *Bow-Wow from Post Bubble City* (Tokyo: Inax, 2006), p.199

实验班三年级设计教学为内容的系列著作，而作为这个教学主要负责人和该书主要作者之一的王方戟也在中国建筑学界以设计教学而著称，尽管在我看来，他的建筑实践在当代中国建筑中的地位常常被低估了。正是在王方戟的主持之下，同济大学建筑学实验班从2012年开始以“小菜场上的家”作为三年级设计教学的一个重要课题。关于这个设计课题的设立，参与该课程教学的张斌曾经这样写道：

> 我们的本科设计课程由来已久的主要弱点就是对抽象的建筑功能类型的差异性重视有余，而对建筑所处的真实具体的城市环境的针对性关注不足，特别是对于所设计的空间是如何在一个社会性的环境中进行运作的这类问题基本不会涉及。这使学生们的设计训练成为一种从概念到形式的自我指涉的空间演绎，而不会去思考这些空间创造到底在中国真实的城市和社会脉络中是否真的有意义。[37]

但是，“小菜场上的家”课题的意图并不仅仅是让设计教学回到真实具体的城市和社会环境之中，而是更在于回到那些看似平凡无奇的城市和社会环境之中，而这种城市和社会环境也恰恰因为其“平淡无奇”常常被建筑学或者说建筑学教育所忽视。因此，自从这个设计课题诞生以来，“小菜场上的家”一直将同济大学附近一个普通多层居民小区的一隅作为具体的设计用地。与此同时，也正是在这样一种特别普通而又平凡的城市环境中，“小菜场上的家”这个特定的建筑原型（prototype）出现了。可以将这一原型视为建筑的“内容计划”在密集的城市和社会环境中的一种特殊的叠加组合。通常，它由位于地面一层（在规模较大的情况下也可延伸至二层或地下层）的食品和菜市场与上部多层住宅组合在一起。在王方戟看来，鉴于它在1950—1990年代的上海和许多其他中国城市建设中的普遍使用以及至今仍然司空见惯的广泛存在，它“已经成为现在中国城市的重要组成部分”。[38]

“小菜场上的家”场地及周边城市环境

37 张斌：《从城市性和社会性入手的思考起点》，载《小菜场上的家》，王方戟、张斌、水雁飞著，同济大学出版社，2014，第34-42（34）页。

38 王方戟：《课程设计始末》，载《小菜场上的家》，第8-27（12）页。

针对这样一种建筑原型，王方戟提出了如下设计问题：这些按照功能及用地指标形成的公共建筑体，在今天是否有可以调整的地方？是否可以在社会各阶层都要使用的公共空间与居住空间之间形成新的相互关系？两者之间新的互动关系能否成为当代城市公共空间的一种发展方向？王方戟写道："从解决今天的问题开始，以探索未来中国城市建筑演进为基本话题，引导学生将眼光从纯建筑范围放宽到城市及它与其背后的社会组织之间关系范围的思考，便是此次建筑设计课题的主要目的。"[39]

在王方戟那里，作为一种教学探索，"小菜场上的家"设计课题的形成受到之前在同济大学进行的三次设计教学的影响。首先是2004年由张永和指导的本科四年级"研究建筑界面的分化复合现象以及这种建造可能性在功能重叠时的作用"建筑设计课程。这是一个强调以材料和建造为起点的课程设计，其中尤以1:2制图的设计过程为它的特别之处，这不仅有效地将学生的身体融进设计之中，而且改变了设计教学通常从概念构思到建筑整体再到建筑细部的过程，迫使学生反过来思考建筑局部和微观思考如何影响整体的设计概念。[40]后面这种微观思考方式其实也更接近《东京制造》，而且某种意义上，正是这样的微观思考成为整个"小菜场上的家"设计课题的基础——用现在比较流行的术语来说，这是一个"城市微更新"课题，它旨在尝试与过去数十年中横扫中国城市的自上而下的决策过程和大规模改造模式完全不同的过程和方式。

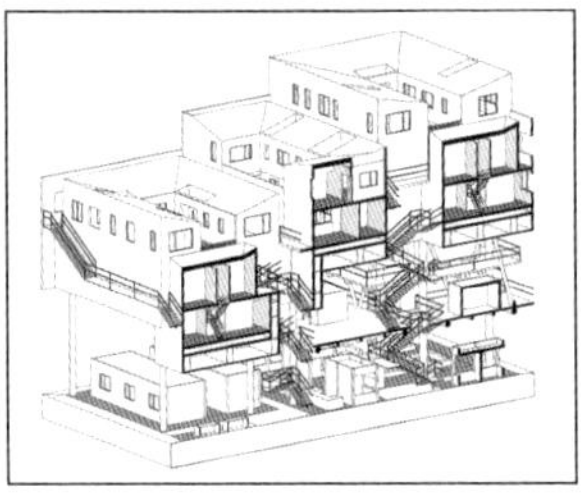

"小菜场上的家"学生作业之一

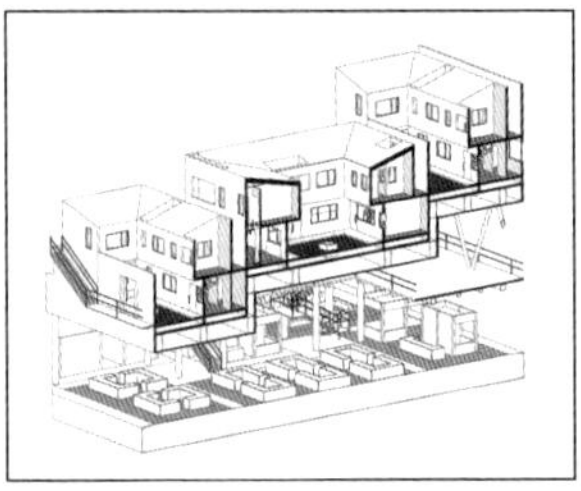

形成"小菜场上的家"设计课题的第二个影响来自2005年王方戟与西班牙建筑师和建筑学老师安东尼奥·J. 托雷西亚斯（Antonio Jiménez Torrecillas）合作指导的本科四年级"甜爱路集合住宅设计"。正如王方戟所言，这个以同济大学附近鲁迅公园旁的甜爱路为场地的设计课题将"具体性"作为设计教学重点。在这里，所谓"具体性"应该在三个层面进行理解：首先是从特定场地的具体事物中阅读设计信

39 同上。

40 王方戟：《建筑设计教学中的共性与差异》，载《小菜场上的家 2》，同济大学出版社，2015，第11-35（17）页。

息，其次是从生活的具体现象中提取设计元素，第三是对学生及其设计个性和差异的尊重和引导。[41]

但是，对“小菜场上的家”设计课题的形成的最大影响无疑来自2010年坂本一成在同济大学指导的本科四年级“氛围的载体——同济大学专家公寓综合体建筑设计”。秉持“日常的诗学”的理念，这个设计课程选择了同济大学旁边一块很不起眼同时为各种不同建筑包围的地块。此外，它也制定了一个混杂的建筑“内容计划”，包括外国专家公寓、咖啡、健身房、多功能厅、书店等。更重要的是，坂本一成在这个设计题目中强调了一种“反物体”(anti-object)的设计方法，将新、旧建筑的相互关系以及它们在既定城市环境中的多重作用作为设计重点。这包括体量和空间两方面的问题。因此，坂本不仅要求学生思考如何在新、旧建筑之间取得体量上的连续性，而非一个独立于环境的建筑物体，同时也引导学生思考如何在保持建筑各部分的功能感和特性的同时，创造城市环境在空间上的连续性。王方戟这样总结“小菜场上的家”的设计课题如何得益于坂本一成的教学实践：

> 坂本老师避开以形式为中心的建筑设计思考模式，在设计中引入建筑空间中公共或私密程度的因素，并以这个因素与形式的关联来讨论建筑。用这种方法，他将社会性与建筑性结合起来，将人们在城市中移动时的最基本感知与建筑设计联系起来。这种建立在城市真实关系之上的认识方式为我们的课程提供了重要参考。[42]

限于篇幅，本文不能对“小菜场上的家”的课程结果本身做具体介绍。在此，笔者的目的仅在于对“日常”的议题如何进入一个设计课程的制定以及它的诉求和目的进行一个粗略的勾勒。“实验班”设计教学在过去数年中普遍存在于中国主要建筑院校，但是似乎只有同济大学建筑与城市规划学院持续保留了一个以“日常”的具体性、偶然性和城市性为出发点的设计课程，并且有意识地通过系列出版物进行总结。不用说，除了王方戟之外，这在很大程度上同样应该归功于参与其中的庄慎、张斌、水雁飞等老师的努力。

41 同上，第22页。

42 同上，第31页。

“小菜上的家”只是“实验班”全部设计教学的一部分，它不能也不应该取代建筑学的其他基本问题。相反，正如“小菜场上的家”的教学成果常常显示的，它需要与建筑学的其他基本问题更好地融合在一起。这一点多少也反映在王方戟自己的建筑实践之中。事实上，如果说在王方戟的建筑实践中存在一个具体性、偶然性、非标志性、弱形式的“日常”转向的话，那么这一转向本身却仍然需要宽广的建筑学视野——在王方戟那里，中国的园林与当代建筑，非中国的西扎、德·拉·索塔、坂本、日本传统建筑和当代建筑，以及更为一般意义上的空间、形式、场地、光、内容计划、结构、材料、建造、与社会的关系等等都是基本而又至关重要的建筑学问题。

05 天台二小与北京四中

2014年建成的北京四中房山校区是当代中国建筑的一个事件，曾经被国内外建筑媒体广泛报道，引发诸多讨论和评论。作为李虎和黄文菁的OPEN建筑事务所从霍尔建筑事务所独立出来以后完成的第一个大型作品，它充分体现了二位建筑师高超的设计才华和对建造的把控能力。就此而言，对它的任何赞誉都不过分。本文无意对它的成就再做进一步的分析和评论，而只是将它作为天台二小的一个参照，借以说明“日常”作为建筑学的一个“零度”议题在城市语境中可能呈现的逆向或者说“反零度”动因。这样的逆向动因在西村大院（平凡与非凡）和“小菜场上的家”（与既有城市环境的空间和体量延续）中都已经存在，但是在笔者看来，天台二小才是一个更能说明这个问题的典型案例。

所谓“反零度”的逆向动因是相对于现代主义城市的“白纸策略”（tabula rasa）而言的，后者表现为一种推倒一切，将城市的既有环境归“零”的策略。勒·柯布西耶的“伏瓦生规划”（Plan Voisin）和希尔伯塞默（Ludwig Hilberseimer）的柏林市中心改造方案都是这一策略的著名案例，也是战后从简·雅各布斯到柯林·罗的城市和建筑理论反思和批判的对象。然而，在过去的数十年之中，“白纸策略”似乎以更大的规模实实在在地发生在大大小小的中国城市中，其近乎灾难性的结果已经有目共睹。异质、偶发、小尺度、出人意料乃至神秘莫测的城市空

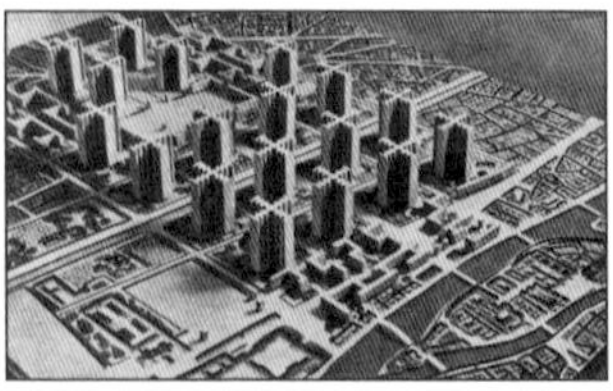

勒·柯布西耶：巴黎伏瓦生规划

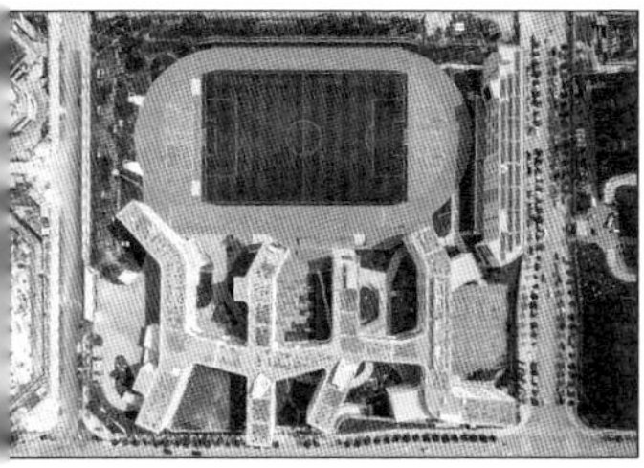

李虎/黄文倩：北京四中房山校区

间正在消失殆尽，取而代之的是在现有城市规范支配之下的大型住区和城市空间。一定意义上，“日常”议题的提出正是对当代中国城市状况的一种质疑和挑战。它反对从“零”开始的“白板策略”，主张将既定城市环境作为设计的出发点，尽管这样做常常更为困难，也不可避免会与现有城市规划规范发生矛盾和冲突。

北京四中并非一个旧城改造项目，而是在一片农田上拔地而起的房山新城的一部分。建筑与周围城市的关系并非此设计需要思考的主要问题（当然，这并不是说它的布局和建筑没有受到场地尺寸的限制——事实上，它的主体建筑的几个主要转折就是场地限制的结果），建筑师的设计才华也更多发挥在校园围墙内部的总平面关系、建筑空间、形式、功能组合上面。就此而言，将它视为一个自足的内在成就应该不会有太大争议。与之相比，同样完成于2014年但关注度却远没有北京四中那么大的天台二小则面临完全不同的设计条件。首先，它的用地位于浙江南部小城天台老城混杂了各种建筑和功能的城市环境之中。这也是一块非常不规整的用地，之前为县委党校所用，党校搬到新址之后，变成天台二小新校舍的建设用地。其次，有限的建设经费根本无法再征用周围任何用地，因此只能在既有的不规则场地内做文章。第三，场地的既有条件使得目前在中国普遍使用，并且也出现在北京四中的教室建筑+地面操场的总平面布局模式成为不可能，尽管这也是天台二小校方和县教育局青睐的模式。最后，复杂的周边环境给新校舍与左邻右舍的日照间距和消防间距带来问题。

阮昊：天台二小侧院与现有城市环境

然而，正是异乎寻常的场地条件迫使建筑师提出更具创造性的解决方案，也迫使校方和教育局接受这样的解决方式。与刘家琨的西村大院一样，这个解决方案的精彩之处也在于建筑的“内容计划”的交叉和叠加。在这里，一个200米长的环形跑道被叠加在一个同样为环形且带有内院的有些类似城堡式体量的三层校舍建筑之上。整个建

阮昊：天台二小内院活动场地及屋顶跑道和篮球场

筑主体在正南向的基础上扭转15°，以充分利用不规则场地的边脚空间形成大小不一的室外活动空间和停车空间；与此同时，东北角的一个较大用地被用于布置讲演厅和室内活动用房，而这个长方形体量的屋顶则被一个篮球场占据，与环形跑道处在同一个标高。学校入口与这个长方形体量处在总平面对角关系的位置上，它是主体建筑的一个架空部分，形成校舍内院与周围城市环境之间在视觉和空间上的联系。内院是全体学生集会和室外活动的主要场所，在它的一侧沿建筑边缘布置了通向屋顶运动场的单跑楼梯。屋顶运动场使用50cm×50cm的减震垫，有效减少了屋顶运动产生的震动对三层教室的影响。

必须承认，天台二小绝非北京四中那样具有高完成度的建筑。这不仅由于天台二小的建设费用与北京四中相去甚远，而且很可能因为前者的80后建筑师阮昊还远没有李虎和黄文菁那样成熟。然而，这些应该都不是本文要讨论的。通过天台二小这个案例，笔者更想说明的只是“日常”作为一个建筑学“零度”议题在城市层面的“零度”与“反零度”的双重性。

06 结语：对当代中国建筑学的一个展望

本文将“日常”称为建筑学的一个“零度”议题，这首先得益于罗兰·巴特的“零度”概念。需要看到的是，即使在巴特那里，绝对意义上的“零度”也不存在，因为我们无法把加缪的“白色写作”以及巴特后来更为青睐的阿兰·罗伯-格里耶（Alain Robbe-Grillet）的作品完全视为毫无意义的写作。同样，“日常”也不可能完全没有“意义”——也许，这就是为什么在坂本一成那里，尽管“日常”的“即物性”被视为“意义零度”的物，但是他对“私密性”和“公共性”的关注又使彻底的“零度”成为不可能的原因吧。因此，与其把本文所谓的“零度”视为一种意义为零的绝对状态，不如将其视为一种过程，一种对建筑学的定义由“高”走向“低”、由“热”走向“冷”、由“非凡”走向“平凡”的过程。另一方面，正如本文已经反复强调的，这一过程并不会给建筑学带来“轻松”和“悠闲”，如果这个所谓的“轻松”和“悠闲”意味着学科上的随心所欲和专业上的易如反掌的话。毋宁说，与佩夫斯纳把脚踏车棚称为“建物”而非“建筑”或者艾森曼“批判建筑学”高定义的“内在性”和“概念性”不同，一个最为“日常”的内容也可以成为最为“艰难”的设计和建筑学问题，正如凝聚了王方戟几乎全部建筑学基本思考的上海嘉定远香湖公厕所显示的那样。[43]

王方戟：上海嘉定远香湖公厕模型及内景

就本文已经讨论的案例来说，“日常”议题在当代中国建筑学界的提出无疑还意味着一种对过去数十年异常剧烈的大规模城市改造进程的回应和反思。作为一种“零度”议题，它要求关注更多自下而上（而非自上而下）的城市进程，要求给局部的和渐进的城市发展留下空间和可能。在这样的意义上，这个“零度”议题与玛格丽特·克劳福特（Margaret Crawford）提出的“日常都市主义”（Everyday Urbanism）不无共通之处（尽管克劳福特的阐述是在美国社会的语境中而言的）。诚如克劳福特所言：“日常都市主义的激进（radical）之处就在于它是一种渐进方法（an accretional method），它使变化积少成多，而非总是依靠由州政府和大规模决策授权的集体过程（a community process that is mandated by the state and decision-making on a large scale）。”[44]然而，值得指出的是，要在既有城市环境中做到这一点，作为“零度”议题的“日常”又是“反零度”的，它反对城市改造中推倒一切、从“零”开始的“白纸策略”，反对“一张白纸可画最新最美图画”的思维习惯。

乍看起来，对于在中国过去数十年同样司空见惯的新城建设而言，这样的“反零度”议题似乎没有那么强烈和明显，因为新城建设除了场地的自然环境之外，往往并没有任何既定的城市环境需要考虑。然而可以争辩的是，即便在后一种情况下，作为“反零度”的日常议

43 参见城市笔记人：《一个厕所，一段故事，一次对谈》，《建筑师》2013年第4期（总第164期），第104-111页。

44 *Everyday Urbanism: Michigan Debates on Urbanism*, ed. Rahul Mehotra (University of Michigan, Taubman College of Architecture and Urban Planning, 2005), p.44.

题仍然有效，因为正如“拼贴城市”的精髓并非只是一种在既有城市文脉中进行的“图形—背景”的形式操作，而是归根结底涉及具有传统意义的城市观念，“反零度”的日常议题也反对脱离以人为尺度的城市传统和生活需求来规划和设计城市，而这种脱离正是那些为了某种社会政治权力或者形式美学和观念需求进行的城市规划和设计的症结所在。就此而言，“反零度”与“零度”又是同一个硬币的两面。

吕彦直：南京中山陵与“中国建筑固有式

王欣：“中国本土建筑学的诗性几何”

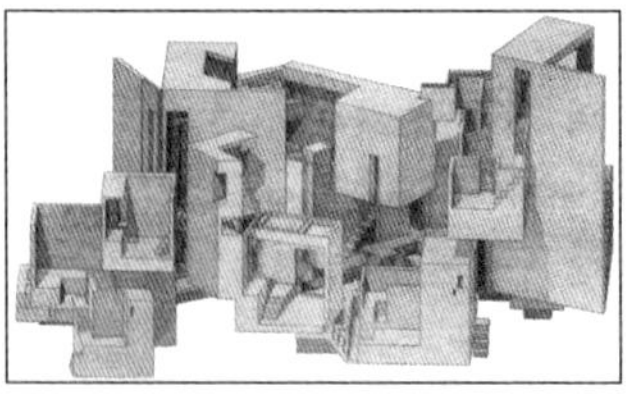

同样复杂和微妙的是20世纪以来似乎一直困扰着中国建筑学界的“中国建筑”的问题。从20世纪早期兴起的“民族风格”到当代建筑中的“本土建筑学”，所谓“中国建筑”或多或少都是一个有着特定内涵的概念，它要么意味着某种既定的风格或者说“文法”和“语汇”，要么将自己与传统中国文化和历史中的某些特定观念（比如“园林”和“山水”）等同起来，并且试图通过形式化方法将这种联系定义为一种本质的“中国性”。其结果毋宁说是一种“中国主义”的艾森曼（热）建筑学。与之不同的是一种低定义的、非本质主义的、非既定的中国建筑概念，即本文称之为“日常”的“零度”议题。毫无疑问，这一“零度”议题绝不应该以狭隘的建筑学视野为基础，因而也绝不意味着对历史文化（包括20世纪之前的历史文化）的拒绝，但是也不会像“本土建筑学”那样试图赋予这种历史文化任何优先或者说独享的崇高地位，而且说到“历史”，它同样重视过去数十年的历史，以及在当下的“日常”中沉淀的“中国性”。

在后一方面，除了本文已经阐述的当代中国建筑“老、中、青三代”在建筑实践、研究和教学方面的几个主要案例之外，我愿意在这里特别提及张永和从1990年代的“席殊书屋”到当下正在设计的“无印良品自行车公寓”对“自行车”这个曾经贯穿1949年后中国人日常生活记忆以及今后在可持续生活方式背景下有着复兴可能之物的建筑表达，我更愿意将它视为一个“当代性”和“日常性”进入“中国性”的富有启发的案例，如果我们还有必要谈及“中国性”的话。

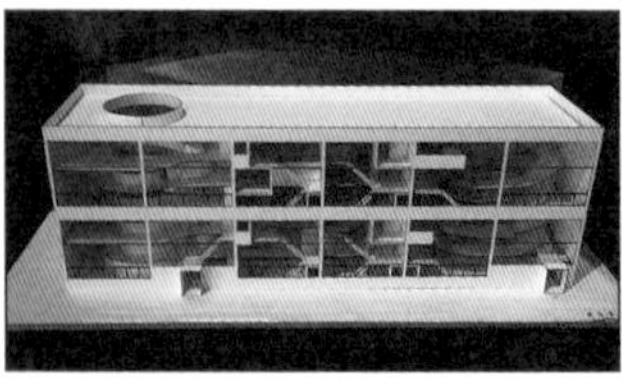

张永和：无印良品自行车公寓

因此，当代中国建筑对“日常”议题的关注不仅可以被视为对过去30多年来中国异常剧烈的大规模城市改造进程的反思和抵抗，或者对当今世界和中国范围内的建筑实践过于形式化的设计策略的质疑和批判，而且也应该成为一个在理论层面进行讨论的建筑学“零度”议题，一个摆脱了宏大的文化叙事和意识形态纠缠，也不再把佩夫斯纳关于“建筑”与“建物”之间的区别或者艾森曼“批判建筑学”高定义的“内在性”和“概念性”作为自身前提的更加平和包容的建筑学议题。

篠原一男：东京工业大学百年纪念馆（左） 坂本一成：东京工业大学藏前会馆（右）

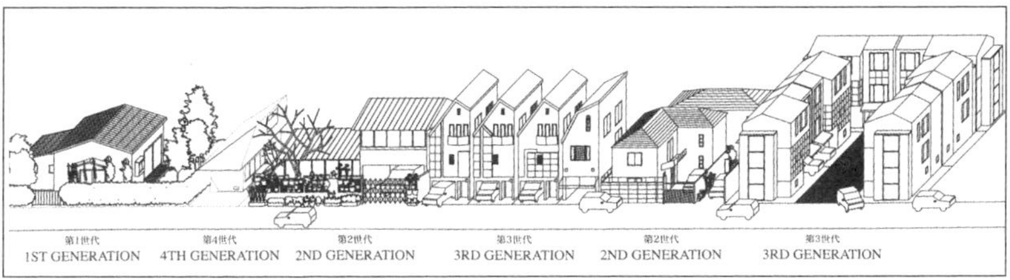

塚本由晴 贝岛桃代：第一到第三代东京城市住宅

刘家琨：西村大院

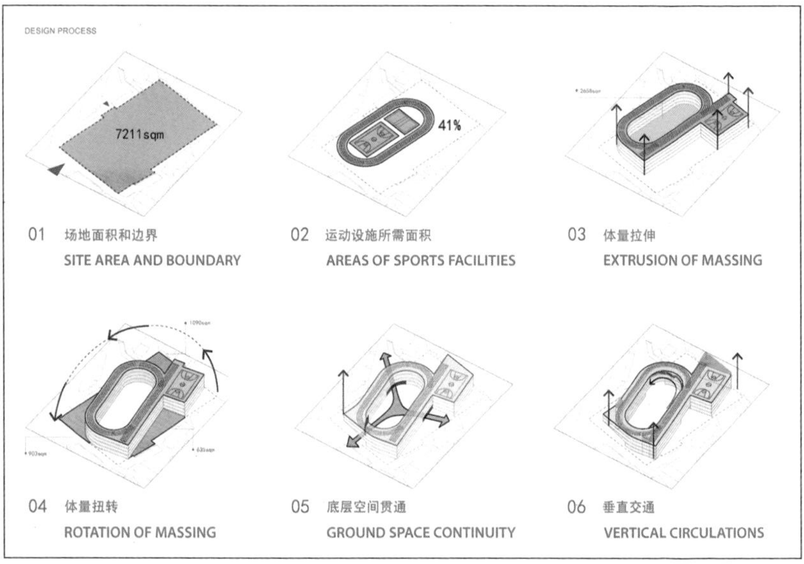

阮昊：天台二小设计概念图解

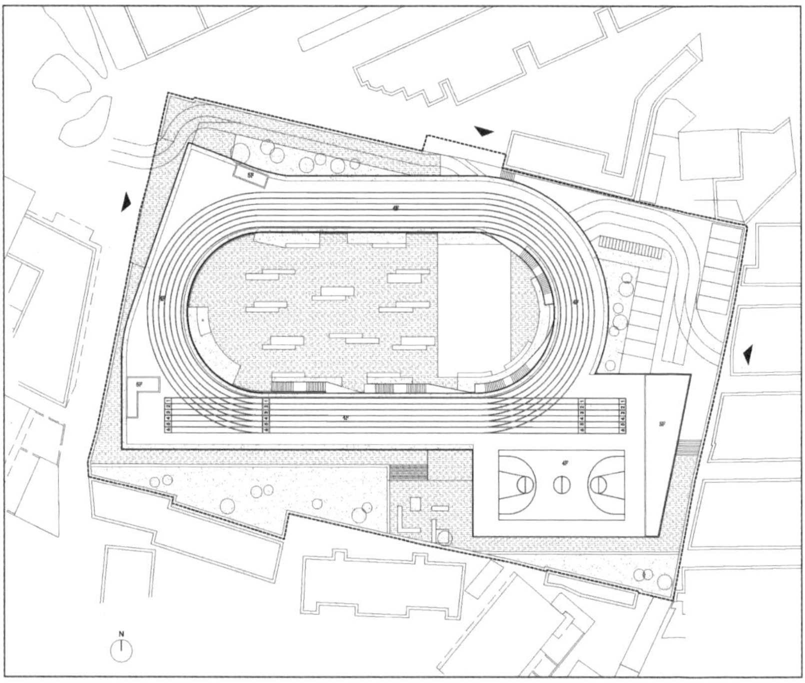

阮昊：天台二小总平面

阮昊：天台二小与城市环境

13

The Everyday

A Degree Zero Agenda for Contemporary Chinese Architecture[1]

1 First presented as a keynote speech at the Symposium "The Everyday - Spatial Design and Spatial Practice with/against Modernity" organized by School of Architecture, Southeast University, Nanjing, China and Department of Architecture, School of Design, University of Melbourne, which took place at Southeast University on May 21, 2016. The essay was later published in *Architectural Research Quarterly* Vol. 21, No.3 (2017).

One striking aspect of modern Chinese architecture in the early twentieth century was the search for a Chinese national style. From the outset, this was not merely an architectural project but a nationalistic project. The Indian American historian and sinologist Prasenjit Duara once characterised this project as Rescuing History from the Nation, in which the linear history of China was to be formulated.[2] Duara primarily referred to Liang Chi-chao, a leading figure among Chinese intellectuals known for his nationalistic agenda at the end of the nineteenth century and the beginning of the twentieth.

Liang Ssu-ch'eng, the son of Liang Chi-chao and a founder of modern Chinese architecture, was strongly influenced by his father's nationalistic ideology. As an architect, Liang Ssu-ch'eng's engagement was largely different from his father's but the sentiment remained the same. While Liang Chi-chao's agenda was, to quote Duara again, rescuing history from the nation, Liang Ssu-ch'eng's agenda was, I would argue, rescuing the nation from history, and architectural history in particular in a time of national crisis. His *Pictorial History of Chinese Architecture*, written originally in English, was a consequence. Ssu-ch'eng's advocacy of Chinese architecture understood in terms of its grammar and vocabularies exemplified his search for 'an ideal modern architecture in Chinese style', to borrow Chinese architectural historian Lai Delin's words in his study of the National Museum in Nanjing by Liang, from 1934.[3]

The same habits extended into the monumental and symbolic buildings constructed under the communist regime in the 1950s and continued with the triumph of post-modernism in the 1980s and 1990s. It was effectively this kind of Chinese architecture that was included in the twentieth edition of Banister Fletcher's *A History of Architecture*.[4] With the rise of a generation of younger architects,

2 Prasenjit Duara, *Rescuing History from the Nation: Questioning Narratives of Modern China* (Chicago: The University of Chicago Press, 1995).

3 Lai Delin, 'Designing an Ideal Modern Building with Chinese Style' in *Studies in Modern Chinese Architectural History* (Beijing: Tsinghua University Press, 2007), pp.331-362. The book is in Chinese.

4 Banister Fletcher, *A History of Architecture*, ed. Dan Cruickshank (London: Reed Educational & Professional Publishing Ltd., 1996), Chapter 53.

however, this stylistically-predetermined approach was replaced by an arguably more fundamental understanding of Chinese architecture. Theoretically speaking, the agenda is about material, structure, site, climate, local culture and so on. Yet it is also more than that. Ultimately, what is at stake here is something called 'indigenous Chinese architecture', as Wang Shu, the 2012 laureate of architecture's Pritzker Prize, put it.

01 From National Style to Indigenous Chinese Architecture

I want to use the word 'indigenous' to translate the concept of 'ben tu' in Wang Shu's formulation because it is similarly saturated with ideological connotations, especially in the context of post-colonial discourse. I am not saying we should identify Wang Shu with post-colonialism, but it is the unequivocal ideological position that I am referring to. For Wang Shu, there must be a Chinese architecture that is fundamentally different from Western-influenced architecture. Dismissing the supposed superiority of the latter, his radical agenda is to demand the reclamation of a Chinese architecture that, in his own words, has been 'forgotten' or 'lost' since the early twentieth century. One way to achieve this, he believes, is through exploration of classical Chinese garden design. And Wang Shu is not alone in respect — this predilection for the Chinese Garden is strongly shared by Wang Xin, Wang Shu's colleague at China Academy of Arts in Hangzhou and in discourse and practice of Dong Yugan, Ge Ming and some others. It is hot and almost desperately Chinese. Indeed, one might say, the rhetoric of the Chinese Garden is so dominant that an obsession with its lessons almost becomes an obligation if one is to be Chinese as an architect.

This observation is not to deny any affiliation with history and tradition in contemporary Chinese architecture, but to highlight a skepticism about the concept of Chinese architecture, or even Chineseness, which is embedded in essentialism, metaphysical meaning, or historical and cultural narratives. In Wang Shu's commentary, I would argue, there exists even a sense of fundamentalism. It is against this background that I would turn to the theme of the everyday as a 'degree zero agenda' for architecture.

02 Liu Jiakun and Xicun Big Yard

Like Wang Shu, Liu Jiakun, a Chengdu based architect, belongs to the generation of Chinese architects who were educated professionally during the post-Cultural Revolution era. He is known for his earlier statement – Here and Now – often associated with such highly ideological ideas as 'critical regionalism' and 'architectures of resistance'. His own orientation in the issue, however, is subtler and more modest. In a response – in the form of an open letter – to Zhu Jianfei, a Melbourne based Chinese architectural scholar, Liu expressed doubt and, as he put it, 'inner resistance' to following any ready-made ideology or political correctness in order to be easily recognised in the West or internationally although, as he puts it, 'this is a technique that we all tactically understand'.[5] Liu thus titled a lecture about his own works at a London exhibition as 'Coping with Reality',[6] talking about '"small truths" embedded in an "effective practice"': no grand narratives, no high definition of architecture, no deliberately iconic images. Instead, his approach is based on reflections – sometimes necessarily critical reflections – on the concrete conditions of each project. Liu Jiakun says:

> I don't consider internationalisation every day as it is around us all the time; nor do I consider locality always as I am living in it day and night. Establish firmly a sense of reality in building practice in China now, focus on problems closely, observe and analyse various kinds of resources carefully, employing existing conditions to deal with these problems. These issues themselves will have already

5 Liu Jiakun, 'A Letter to Zhu Jianfei' in *Time+Architecture*, No.5 (2006), p.68.

6 Ibid.

defined a 'Chinese-ness'; these developments will naturally move forward the securing of a 'contemporaneity'; and if you employ some creativity in resolving these problems, an 'individuality' will also emerge inevitably. These are the aspects of a basic method I adopt.[7]

Liu Jiakun has himself undergone a process of transformation in this regard, from the relatively distinct and independent forms of his earlier works to his present attempt to get around, or play down, the use of these forms; from being enthusiastic about architectural autonomy to an attitude in favour of anonymous architecture. If his much celebrated works from the late 1990s and the early 2000s, such as He Duoling Studio and Luyeyuan Stone Sculpture Art Museum, fall into the former category, his recently completed magnum opus, Xicun Big Yard, bears testimony to the latter.

Located in the west part of Chengdu, the project is a complex consisting of commercial and public sporting facilities in the midst of high-rise as well as low-rise housing neighborhoods built from the 1980s onwards. The site, the last piece of land in this part of the city that was to be developed by Beisen, a Chengdu based developer, measures 237m × 178m. Prior to the project, there existed a golf course and a swimming pool of which the latter was to be preserved and rehabilitated as a multi-functional facility. Architecturally, the design is a bold solution in form – a 'big yard' – with a plot ratio of 2.0 and 40% site coverage to the maximum height of 24m. regulated by the planning authority.

At the first sight, the big yard concept immediately recalls the urban morphology of European cities. For all the analysis from Zhu Tao, a Hong Kong based Chinese scholar and architectural critic, between this architectural solution and European urban projects such as James Stirling's competition entry for Churchill College, Cambridge, 1958, and Aldo Rossi's competition entry for Centro Direzionale,

7 Ibid.

Turin, 1962,[8] there was however no such analogy in the architect's design concept. Nor was there any ideological reference to the Karl Max Hof, characterised by Manfredo Tafuri as 'Red Vienna',[9] or the Soviet influenced housing practice of giant compounds in China during the 1950s. Rather, according to the architect himself, it was a straightforward and almost intuitive response to the site, the programme and the aspiration to form a simple yet strong framework capable of integrating miscellaneous activities, ranging from sports, leisure and recreation events to creative industries and workshops, retails and restaurants.

In this regard, rather than looking to its analogy with European urban morphology, it is more interesting to understand this scheme in conjunction with another urban project in Chengdu, the Riffles Plaza by Steven Holl. Both take the form of huge perimeter blocks but, while the Riffles takes advantage of a high-rise office building to make itself into a cluster of iconic objects, Xicun Big Yard deliberately plays down its urban image. While the Riffles consists of high grade office towers, serviced apartments and a shopping mall, Xicun Big Yard is made to accommodate regular local activities related to more ordinary dimensions of everyday life. While the Riffles gives an impression of glamour and expert completeness, Xicun Big Yard seems rough, unpolished and, indeed, unfinished, waiting to be inhabited and completed by its users. In this way, the project does recall the Brutalist sensibility in British architecture during the 1960s.

On the other hand, the low cost and unpolished strategy of this project get coupled with some physically powerful and even dramatic presences such as the big yard itself and a ramp that runs across the north side of the yard, opening up the spatial enclosure on this side, while connecting different floors of the building, as well as two circulation tracks, one of which is placed on top of the buildings inside the yard and the other placed high up on the perimeter roof.

8 Zhu Tao, 'The New Collectivity: Liu Jiakun's Big Yard at Chengdu' in *Time+Architecture*, No.2 (2016), pp.86-97 (89).

9 Manfredo Tafuri and Francesco Dal Co, *Modern Architecture* (New York: Rizzoli, 1986), pp.162-166.

The inside of the yard is the most remarkable aspect of the design concept, rather than its outsides. On that perimeter, surrounded by streets, the architect deliberately adopts a garage-like facade scheme to get away from the strategy of double envelopes widely used for commercial and public buildings in contemporary Chinese practice. The only element that will alter the facade will be the traces of its users. In contrast, the interior of the yard is largely determined by visual and physical connections and stimuli between different activities.

Where the ramps and circulation track are concerned, something that immediately comes to mind is the 'ramp + event' strategy once employed by Bernard Tschumi. True, this is not the first time that the ramp has been employed as an architectural element in Liu Jiakun's projects. It appears in both He Duoling Studio and Luyeyuan Stone Sculpture Art Museum, normally regarded as the representatives of the architect's earlier work. But, while the architect's earlier use of ramps was understood primarily in terms of formal approach, the use of the same architectural element may now be seen in conjunction with the project's overall programme. It is, to use Tschumi's vocabulary, a means of crossprogramming, transprograming, even disprogramming.

Taken together, Xicun Big Yard is the kind of 'social condenser' once aspired to by the Russian *avant garde* of the 1920s. Yet this project was conducted without those figures's ideological baggage. Given its overt focus on visual and physical juxtapositions between different activities and events that, in one way or another, layer aspects of everyday life, one could also link Xicun Big Yard to the strategy of the Surrealists who struggled to deal with everyday life by means of collage. For in Surrealism, as Ben Highmore has noted, 'if everyday life is what continually threatens to drop below a level of visibility, collage practices allow the everyday to become vivid again by making the ordinary strange through transferring it to surprising contexts and placing it in unusual combination'.[10] Xicun Big Yard may not go quite so far as echoing Surrealism's attempt to make the everyday

10 Ben Highmore, *Everyday Life and Cultural Theory: An Introduction* (London: Routledge, 2002), p.46.

unfamiliar. At the most, it is a dramatic staging of everyday life in juxtaposed and to some extent collage-like way. But in the sense that 'Surrealism is about an effort, an energy, to find the marvellous in the everyday, to recognise the everyday as a dynamic montage of elements, to make it strange so that its strangeness can be recognised',[11] Surrealism still provide us an intriguing reference point for this magnum opus by Liu Jiakun which simultaneously displays ordinary and extraordinary traits.

03 *Made in Shanghai* vs. *Home above Market*

For better or worse – while modern Chinese architecture took shape in the early twentieth century under the impact of an outside world in which the American version of the Beaux Arts tradition played the most significant role – the influence of international thinking has persisted in varied forms since the end of the Cultural Revolution in 1978, from postmodernism to tectonic discourse. A number of such concerns have been interestingly transplanted in the subsequent years, of which *Made in Shanghai* is one. Inspired by Momoyo Kaijima, Junzo Kuroda and Yoshiharu Tsukamoto's *Made in Tokyo*, the book resulted from a study of Shanghai by a group of graduate students from the College of Architecture and Urban Planning, Tongji University, Shanghai, headed by Li Xiangning with Tsukamoto himself.

Like its Japanese counterpart, *Made in Shanghai* is committed to move away from an all-too-idealised conception of high architecture and the city that has overwhelmed Chinese architectural research on one hand, and all-too-sociologically imprinted methods around data and statistics when it comes to the scientific study of the city on the other. Instead, it presents a more heterogeneous, contradiction-filled picture of Shanghai either in terms of building types, architectural forms or urban space. Above all, it has adopted the isometric drawings to present

11 Ibid., p.47

buildings emblematic of *Made in Tokyo*. It has also employed its Japanese counterpart's regularised format applied to each building including a name (or a nickname), category, use, location, composition, description and photography.

But here ends the similarity. For while *Made in Tokyo* focuses on a study of what it calls 'da-me architecture', literally meaning 'no-good' architecture but practically making up the materiality of the everyday, the subject of *Made in Shanghai* includes not only what can be called 'da-me architecture' in the sense of Tsukamoto such as infrastructure or everyday architecture, but also 'landmark architecture', 'allegorical architecture' and 'historical architecture' that surely sit outside that category. In other words, unlike *Made in Tokyo* which concerns only one particular category of buildings in Tokyo, the ambition of *Made in Shanghai* is to embrace the city in a more panoramic way. More importantly, while in *Made in Tokyo*'s 'da-me architecture' is both the starting point and the destination of the study, the ultimate concern of *Made in Shanghai* is the nature of Shanghai. The conclusion one can draw in terms of Shanghai is not merely as 'a supplement to the Western model' but a sense that 'the study of the contemporary Asian city can to a certain extent overturn the traditional Western sense of the city, and to give to rise still more contemporary perspectives and values to be used in urban critique.[12]

A key difference between *Made in Tokyo* and *Made in Shanghai* is that, while the former is design research seeking to depict a sort of architectural everyday, the latter comprises theoretical research more interested in a larger conclusion rather than the buildings themselves. It is worthwhile to note this point because, as I argue myself throughout this article - unlike the theoretical approach of *Made in Shanghai* where the everyday tends to become the territory for thinking that is directed elsewhere — it is through the design or design research in *Made in Tokyo* that the everyday as a zero-degree agenda for architecture

12 Li Xiangning,"*Made in Shanghai*: The Analogical DNA of a Contemporary Metropolis" in *Made in Shanghai* (Shanghai: Tongji University Press, 2014), pp.25-27 (27).

has been accommodated. The same can be said about the difference between *Made in Shanghai* and *Home Above Market*, a book series by Wang Fangji and some others, also published in recent years by Tongji University.

In China, Wang Fangji is best known for his engagement in the pedagogy of design studio teaching, though, from my point of view, the importance of his architectural practice in the context of contemporary Chinese architecture is underestimated. Interestingly, since 2012 a studio program called 'Home above Market' has been endorsed for third year students of Tongji's Special Programme in Architecture under Wang's directorship. It is recognised that, to follow the observation of Zhang Bin, a Shanghai based architect and one of those involved in the programme, while undergraduate studio teaching normally emphasises a rather abstract understanding of various building types and their functional disparities, the importance of the concrete urban environment of building tends to be ignored. This is particularly the case when it comes to basic issues such as how architectural design should operate in a specific social environment. Conventional design training in a studio thus more-or-less promotes a process of self-referential studies of architectural space and form from concept to form, rather than dealing with that form's consequences in the social context of Chinese cities.[13]

The intent of Wang Fangji's programme is not only to bring design studio back to the concreteness of a given urban environment, but more significantly, to the ordinary. The choosing of the site, located near Tongji University illustrates this intent: an ostensibly unremarkable and contingent corner in an urban block surrounded by unobtrusive and equally contingent multi-storey housing neighbourhoods.

The topic of 'Home above Market' derived from a typical building prototype not only in this part of the city but also in urban quarters built especially between the 1950s and early 1990s in cities all over China. It is a superimposition of housing blocks or other kinds of buildings

13 Wang Fangji, Zhang Bin, Shui Yanfei, *Home above Market* (Shanghai: Tongji University Press, 2014), p.34

with food and vegetable markets that are normally located on the ground floor and, in even larger versions, extended to a basement level or first floor. Given the pervasive presence of this building type, as Wang Fangji has observed, it must be regarded as a potent ingredient of the Chinese city.[14]

For Wang, this building typology not only embeds the reality of the Chinese city but also important questions for architects and urban designers: is it necessary to alter public building complexes like this which, as part of rapid processes of urban transformation, took shape quickly but extensively according to functional zoning and land use regulations, rather than inherent requirements of society and people's livelihood? Against the background of the social structures of contemporary Chinese cities, are there other ways of combining public buildings with residential buildings beyond putting together largely independent agents? Is it possible to form a new and more interactive relationship between such buildings and different social groups? Could an effective interaction between the two generate a new format for urban public space today? As Wang puts it, 'taking the status quo of the Chinese city and its problems as point of departure, aiming at a rethinking of its future development and transformation, encouraging the students to move from architectural autonomy to reckoning with the immediate urban context of building and the social organisation behind it, this is the purpose of the studio programme.'[15]

The Home above Market programme seeks to investigate micro-urban upgrades aiming at a transformation of urban environment by means of accretion, rather than big decision-making on a large scale as regularly practiced in China. I don't intend to review outcomes of the Home above Market studio programme here but rather to account for the programme's pedagogical intentions. According to Wang, the formation of this topic was impacted by three teaching experiences from earlier in the Special Programme. The first was a studio conducted

14 Ibid., p.12

15 Ibid.

by Yung-Ho Chang, a leading Chinese architect and former Dean of the architecture programme at MIT, which focused on material and construction. Key to this studio was a design process starting from 1:2 drawing which not only got the students involved effectively but also encouraged them to reverse conventional design thinking from scheme to details and rethink how details and components could influence the design concept.[16]

The second impact on the programme came from a teaching collaboration between Wang and the Spanish architect and educator Antonio Jiménez Torrecillas. In this studio, the assignment Torrecillas gave the students was for collective housing at a barely noticed but quite pleasant street called Tian Ai Road adjacent to Lu Xun Park, not far from Tongji University. Through Torrecillas' studio, Wang notes, we realise the value of concreteness in the teaching of architectural design in China. What is meant by concreteness here is threefold: concrete information that one can absorb from the given site; the concrete phenomena of daily life that can be associated with, and transformed into, design themes; and the individuality of each student and their ideas that should be encouraged throughout the design process. All these insights were inspirational in the formation of the Home above Market studio programme and its pedagogy.[17]

Finally, it was Kazunari Sakamoto's studio at Tongji University in 2010 that gave a push to the endorsement of Home above Market as a studio programme. In line with his idea of 'poetics in the ordinary', Sakamoto's studio turned to an inconspicuous site just outside Tongji University with a hybrid programme consisting of apartments for foreign faculty members, a café, gym, multi-functional room and bookshop. Central to the studio was an anti-object approach stressing the multiple roles of the new building or buildings in the given environment. Two issues are particularly emphasised: how to achieve continuity between the volumes of old and new buildings rather than making an

16 Wang Fangji, Zhang Bin, Shui Yanfei, *Home above Market 2* (Shanghai: Tongji University Press, 2015), p.17.

17 Ibid., p.22

extraordinary object standing-out from its surroundings, and how to create an open and multiple relationships between the ground floor space and the surroundings, while retaining clear functionality for the different parts. In short, Wang summarises, building volume and ground floor plan are keys to the articulation of relationships between the building or buildings and the city.[18] Wang writes about how he is indebted to Sakamoto:

> Sakamoto Sensei has discarded the habit of mind of architectural design indulging form. Instead, he has introduced to us an architectural approach that relying to various degrees on the public and the private. For him, architecture should be discussed in terms of the relationship between these constituents and form. In this way, he links the social to the architectural, and couples people's most rudimentary experiences when moving around in the city with architectural design. Our studio program owes a lot to this architectural epistemology based on the understanding of the concrete urban environment.[19]

While Tongji is far from the only major Chinese architectural school striving for new approaches to the undergraduate studio by experimenting with special programmes, it seems that – thanks to the awareness and insight of Wang Fangji, Zhuang Shen and many others – only in the Special Programme at Tongji can a consistent effort be found which takes the ordinary, the concrete and the contingent as a starting point. Leaving behind metaphysical meanings of Chineseness, it attempts to figure out what is Chinese in ordinary, concrete and contingent urban environments. In this way, it represents a compelling component of what I call the zero-degree agenda in contemporary Chinese architecture.

This shift in focus must itself not be too narrow, however. In

18 Ibid., p.30

19 Ibid., p.31

the case of Wang Fangji, while having no overriding legitimacy as in Wang Shu's claim for 'an indigenous Chinese architecture', the interest in such sources as traditional Chinese gardens, paintings, literature and architecture is clearly legible, but only to the extent he is fascinated by the architecture of Alvaro Siza, Alejandro de la Sota, Kazunari Sakamoto, Japanese gardens, or the Alhambra in Granada, not to say his interest in the basic elements of architecture such as form, space, structure, light, program, materiality and construction.

04 No.2 Primary School in Tiantai, a Further Case

The agenda of the everyday brings us closer to certain types of buildings while dispelling others. For one thing, the architecture of the everyday has little to do with monuments or spectacular buildings. On the other hand, the concern for the everyday is not only an issue of architecture as such, but that of the relationship between architecture and its surroundings. Above all, this relationship has to do with architecture's immediate contexts in urban environments where the everydayness of the everyday gets embedded over a long period of time, often in form of hybrid and small-scale evolutions.

Along with the unprecedented economic development over the past thirty years or so, however, Chinese cities have undergone massive transformations that are in many cases extremely disruptive to such a life-world. Small-scale and contingent evolution is replaced by large-scale *tabula rasa* redevelopment. Distinctive, bizarre or mysterious urban spaces give way to homogenous and monotonous business or housing blocks reminiscent of Le Corbusier's Ville Contemporaine. Needless to say, this is the process that many of post-war critics of modernist urban planning sought to resist, from Jane Jacobs to Colin Rowe. Yet while Rowe and Fred Koetter's *Collage City* offered one of the most intriguing alternatives architecturally, it is in my view too confined to figure-ground formalism to be really useful in China today.

Echoing the ethos of *Collage City* and its attitude towards the relationship between a building and the city, yet without being fettered by its figure-ground formalism, No.2 Tiantai Primary School in Zhenjiang Province – designed by Ruan Hao who belongs to the 1980s generation – is an illuminating example because of its unusual handling of the given environment in an urban situation. It is located in the heart of Tiantai, a small city in southern Zhejiang Province. It's immediate surrounding is not designated historically important. Rather it is full of hybrid, yet ordinary, buildings and housing blocks. The shape of the site is odd and accidental. It was the location of a local Party school that had moved out to larger and better accommodation. So, when the decision was made to build a new campus for the No. 2 Primary School, the architects found an extremely problematic site condition that made it impossible to adopt the normative site plan solution favoured by most education authorities in China for a primary school campus; that is, a solution consisting of a number of school buildings adjacent to a playground or athletic field. In other words, thanks to the pressure from the confines of site, the architects were forced to find a more compelling solution that would not normally be necessary to, or acceptable for, the authorities and school administrators. What was intractable was the sun access and fire spacing requirements between the new school building and existing buildings as regulated by the urban planning authority. In short, the challenge for the architects was how to work with these difficult circumstances in a more adaptive yet intelligent way, and how the programme might be fulfilled and the building or buildings designed accordingly.

The outcome is ingenious and compelling. For the first time in China, a 200-meter. running track is superimposed onto a three-storey school building comprising classrooms and other facilities, while the plan of the building itself naturally follows the outline of the athletic field to form a castle-like volume with an oval compound in the middle that provides a sense of inwardness and security for the students. The building is twisted through 15 degrees to fully use the potential of the site to create miscellaneous smaller outdoor spaces within its idiosyncratic boundary and to accommodate the bulk of the facilities with significant space requirements such as auditorium and indoor playroom. A basketball court is located on top of the additional volume. At the diagonal corner of the site is the entrance to the school, a double storey opening in the volume, creating visual and spatial connections between the inner compound and the outer urban milieu. Within the oval compound, a single running stair attached to the classroom corridors leads from the ground floor to the running track and basketball court. Spring cushions are arranged in a 50cm × 50cm matrix under the plastic track to reduce kinetic disturbances caused by the running track and basketball court to the classrooms underneath, an unusual technical solution in China.

05 A Degree Zero Agenda

The agenda of the everyday in contemporary Chinese architecture can be seen as a resistance arising in response to the dramatic processes of large-scale urban redevelopments that have, in many cases, resulted in devastating consequences. As a 'Degree Zero Agenda', it not only offers a way to see around architecture's obsessions with buildings as self-sufficient objects but also calls for a bottom-up urban process in contrast to the top-down approach that has prevailed in China. It demands an urban concept that can leave room for local contingencies and gradual transformations. In this sense, it relates to Margaret Crawford's suggestion that what 'is more radical about Everyday Urbanism is that it is an accretional method where you do little pieces that accumulate to make changes rather than finding a new way to create a community process that is mandated by the state and decision making on a large scale.'[20] But to do so, it is also an anti-zero agenda to the extent that it is necessarily against the *tabula rasa* mode of thinking which is not only emblematic of modernism

20 Rahul Mehrotra (ed.), *Everyday Urbanism: Michigan Debates on Urbanism*, (University of Michigan, Taubman College of Architecture and Urban Planning, 2005), p.44.

but also embedded in the Chinese mind following Mao Zedong's famous expression that 'a piece of blank paper can draw the newest and most beautiful picture'.

My primary contention in this paper has been that nothing has disfigured our understanding of Chinese architecture more than its conception in the terms of essentialism, metaphysical meaning or the preoccupation with undue historical and cultural narratives. The core of the problem is a perennial assumption that what is Chinese should be, and probably can only be, identified through pre-twentieth century history and related cultural sources. The danger, I would argue, is that it could lock out of sight the contemporary and recent pasts, the ordinary, the non-cultural (and by culture here I mean high culture), not to say what is apparently non-Chinese.

But this issue is not specific to Chinese architecture. Rather, in a more general sense, it is reminiscent of Nikolaus Pevsner's famous statement in An Outline of European Architecture that 'a bicycle shed is a building; Lincoln Cathedral is a piece of architecture'. The agenda of the everyday challenges this epistemology. I call the everyday a 'degree zero agenda' for architecture following Le Degré zéro de l'ériture (Degree Zero Writing) by Roland Barthes, first published in 1953, knowing degree-zero in strict terms is impossible, not even in Albert Camus' écriture blanche or white writing that Barthes referred to as a typical case of 'degree zero writing'. Therefore, I would rather see the idea of degree zero not as an endgame but as a relative process moving from high to low definitions of architecture and back, from the hot to the cold version of the discipline, from the extraordinary to the ordinary. My survey of these cases from recent architectural practice, research and education in China reflects this argument.

While concerns with the everyday in architecture might be considered in a reaction to the dramatic, and in many cases relentlessly disruptive, urban transformations in China over the last three decades, what I would like to highlight are the theoretical and critical implications of the everyday for contemporary Chinese architecture. Hopefully, as a 'degree zero agenda', the concern of the everyday, and astute designs in relation to it, will bring Chinese architecture back to reality, transform the purpose and activity of design towards socially and architecturally powerful modalities, so it can fulfil its social and architectural potentials through practical, poetic and critical operations.

Xicun Big Yard

14

从“西建史”走向现代建筑史学

范路的《从钢铁巨构到“空间–时间”——吉迪恩建筑理论研究》点评[1]

1 最初发表于《时代建筑》2008年第2期（总第100期）副刊《2007年建筑中国年度点评》，录入本文集时有修改。

对于当代中国建筑师尤其是年轻建筑师而言，吉迪恩也许不是一个陌生的名字，而这个名字往往又与《空间 · 时间 · 建筑》这部论述现代建筑发展的史学著作联系在一起。事实上，纵然还有人完全不知吉迪恩为何许人也，对《空间 · 时间 · 建筑》也一无所知，作为一个受过正规建筑学教育的建筑师，他对现代建筑的认识或多或少都与吉迪恩及其《空间 · 时间 · 建筑》有着这样或那样的关系。之所以这样说，是因为长期作为中国建筑院校西方现代建筑史教材的《外国近现代建筑史》就曾深受吉迪恩《空间 · 时间 · 建筑》的影响，并且通过这种方式将吉迪恩的现代建筑史观潜移默化地传授给一批又一批中国建筑师。然而奇怪的是，不仅最初的《外国近现代建筑史》没有提及吉迪恩，而且经过修改的新版也只在某几处将吉迪恩一带而过（书中称他为基甸[2]），既没有提到《空间 · 时间 · 建筑》，更缺少对吉迪恩的专门论述。此外，作为旧版《外国近现代建筑史》主笔之一的吴焕加先生在他更为详尽的《20世纪西方建筑史》中也没有提到吉迪恩，只将《空间 · 时间 · 建筑》收录在“主要参考文献”之中。

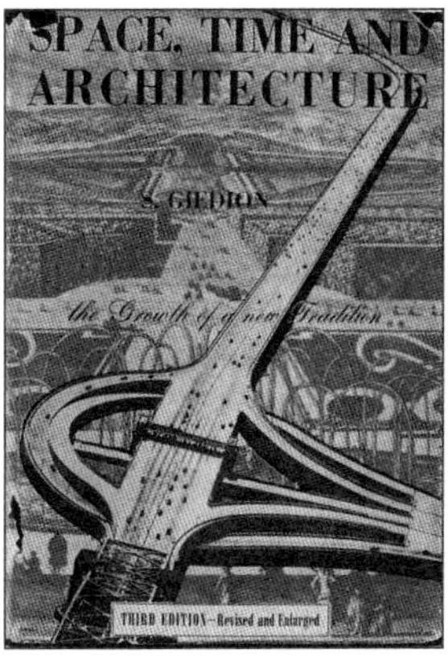

吉迪恩

《空间 · 时间 · 建筑》英文第三版封面

但是，正如范路在本文中指出的，“研究现代建筑而不谈西格弗里德 · 吉迪恩是不可思议的，就像研究现代建筑而不谈密斯、柯布”。在笔者看来，范路指出的这个问题在中国有着特殊的意义，因为如果说西方现代建筑是一个“舶来品”的话，那么它是以何种方式和观点被传播和介绍到中国就是一个远比在西方本身更为重要的问题，其中一个特别值得关注的自然是史学家及其史学著作（包括吉迪恩的）如何在传播过程中发挥作用的问题。

就此而言，范路的《从钢铁巨构到“空间—时间”——吉迪恩建筑理论研究》（以下称范文）就是近年来由中国学者展开的为数不多、却十分必要的吉迪恩研究和现代建筑史学研究之一。作为一种文本研究，范文以吉迪恩的第一部现代建筑论著《在法国建造，以钢铁建造，以钢筋混凝土建造》（*Bauen in Frankreich, Bauen in Eisen, Bauen in Eisenbeton*，范文中简称为《在法国建造》）和吉迪恩最为著名的《空间 · 时间 · 建筑》为主要线索，着重分析了“吉迪恩如何从19

2　见《外国近现代建筑史》第二版，罗小未 主编，中国建筑工业出版社，2004，第64页。

世纪末的钢铁巨构研究中提炼出‘空间-时间’的现代建筑观念，并由此为现代建筑‘理论立法’”的问题。显然，范文为自己确立的这一目标已经大大超出了通常意义上的“西建史”研究的范畴，带有强烈的史学特征，这不能不说是十分可贵的尝试，显示了新一代中国学者突破以建筑作品和建筑师介绍为主的西建史范式的勇气和愿望。在这方面，范文也是第一个涉及《在法国建造》的研究，它与吉迪恩本人的生平和《空间 · 时间 · 建筑》放在一起，无疑有助于中国读者更全面理解吉迪恩及其思想的发展和对现代建筑史学的贡献和影响。特别值得一提的是范文在这样做的时候，能够注重学术的规范性，不仅有数量众多的注释标明各种历史文献资料的来源，而且还利用注释讨论一些在正文中不便展开的问题。

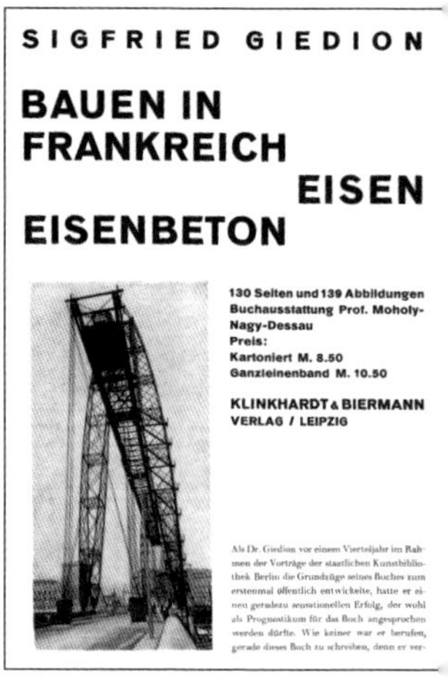
SIGFRIED GIEDION

BAUEN IN FRANKREICH EISEN EISENBETON

130 Seiten und 139 Abbildungen
Buchausstattung Prof. Moholy-Nagy-Dessau
Preis:
Kartoniert M. 8.50
Ganzleinenband M. 10.50

KLINKHARDT & BIERMANN
VERLAG / LEIPZIG

Als Dr. Giedion vor einem Vierteljahr im Rahmen der Vorträge der staatlichen Kunstbibliothek Berlin die Grundzüge seines Buches zum erstenmal öffentlich entwickelte, hatte er einen geradezu sensationellen Erfolg, der wohl als Prognostikum für das Buch angesprochen werden dürfte. Wie keiner war er berufen, gerade dieses Buch zu schreiben, denn er ver-

吉迪恩：《在法国建造》德文版内页

当然，范文的不足之处也毋庸讳言，如过多地停留在史料的陈述上面，缺少在史学层面展开的审视和讨论（后者正是范路援引的国外学者分析研究的特点）。文章最后扯上北京申办奥运会成功之后兴建的巨型钢构项目，不仅有唯恐学术不能“联系实际”的意味，而且极大削弱了文章原本应该强化的史学研究性质。此外，范文在一些细节问题上也不无值得商榷之处。比如，尽管范文说明《在法国建造》最初是1928年出版的，并且引用该书德文版的封面照片，但是范文在括号里给出的却是它的英文名称，且没有作特别交代和说明，这极易使得粗心的中国读者误以为该书如同《空间 · 时间 · 建筑》一样，从一开始就是用英文写作，而实际情况却是，该书英文版直到1995年才问世（相信范路本人阅读的也是英文本），比《空间 · 时间 · 建筑》晚了半个多世纪！

对于现代建筑史学研究而言，这个看似无足轻重的细节恰恰能够说明，即使在英语世界，尽管早就有史学家（如班纳姆等）指出该书的重要意义，但是它的直接影响却十分有限，范文讨论的“渗透”概念更是很少有人提及，而在现代建筑史学层面，这个“渗透”概念不仅可以为我们理解柯林 · 罗在《透明性》中讨论的问题提供更多线索，而且如北美学者戴特利夫 · 莫廷斯（Detlef Mertins）所言，也为后来的学者质疑柯林·罗对吉迪恩的“透明性”概念发难的有效性提供某种有益依据。[3]

纵然有上述“鸡蛋里挑骨头”的问题，范文代表的还是一个在当代中国建筑学既有状况中应该更多出现的现代建筑历史理论研究状态。在我看来，它也是2007年度可圈可点的学术论文之一，其不足之处与其说是范文本身的问题，不如说是现代建筑史学研究在中国严重缺失之状况的一个表征。

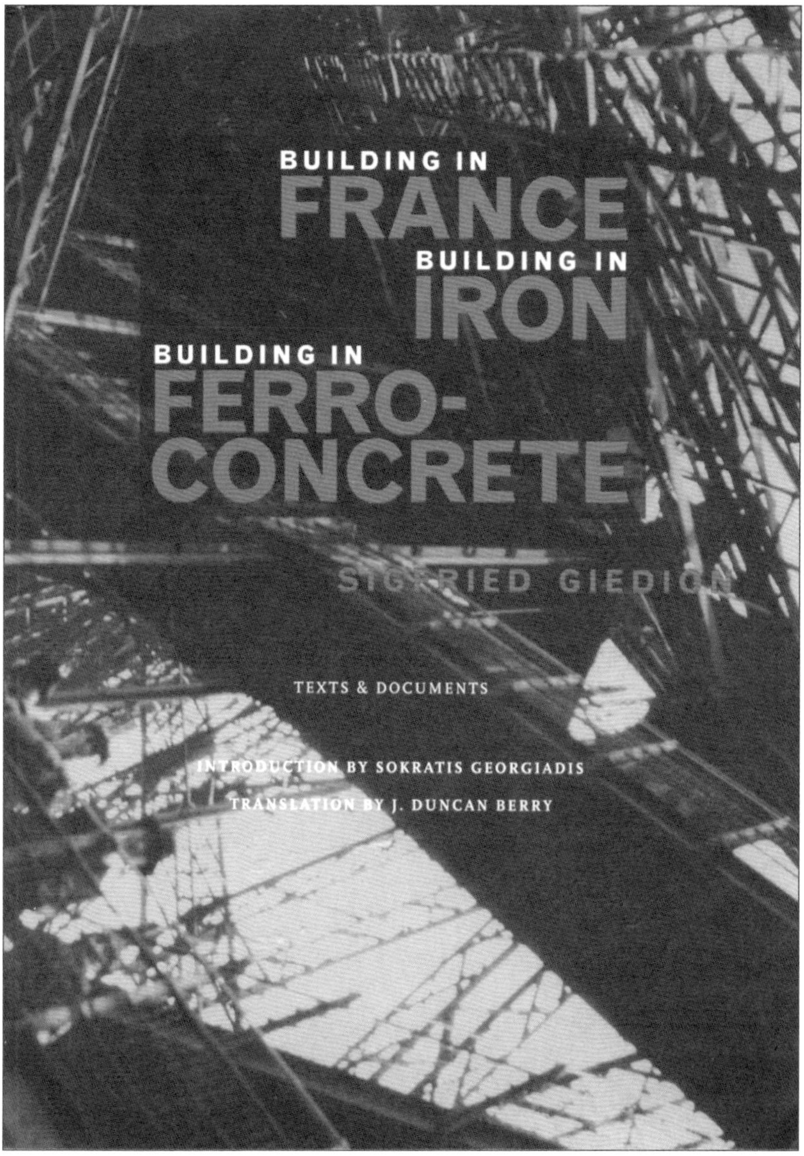

吉迪恩：《在法国建造》英文版封面

3 见 Detlef Mertins, “Anything but Literal: Sigfried Giedion and the Reception of Cubism in Germany” in *Architecture and Cubism*, eds. Eve Blau and Nancy J. Troy (Cambridge, Massachusetts: The MIT Press, 1997).

15

现代建筑史学语境下的长泾蚕种场及对当代建筑学的启示[1]

1 最初发表于《建筑学报》2015年第8期（总第563期），录入本文集时有修改。

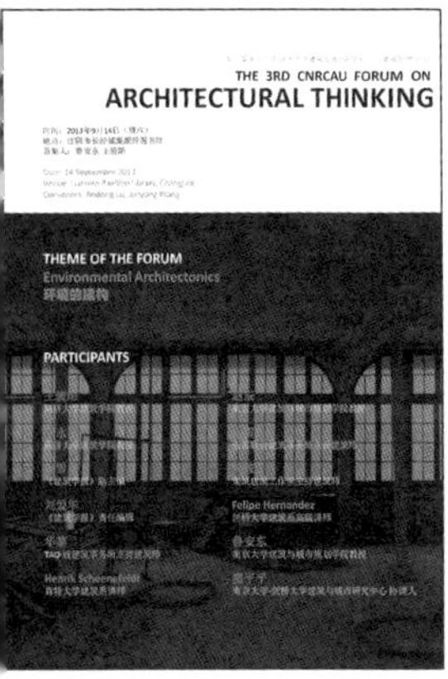

南京大学“环境的建构”论坛海报

2013年9月13日，在南京大学鲁安东教授的策划和安排之下，一个以“环境的建构”(Environmental Architectonics)为主题的学术研讨会在江苏省江阴市长泾镇廉珉轩图书馆召开。与会者既有从英国远道而来的剑桥大学和肯特大学建筑系的学者，也有国内大学(以南京、上海两地为主)的建筑学者和建筑师(赵辰、卢永毅、张雷、傅筱等)以及来自台湾并正在南京大学任客座研究员的夏铸九老师。此外，专程从北京而来的建筑师华黎和《建筑学报》李晓鸿、刘爱华编辑也应邀参加。之所以在长泾镇举办这次研讨会，当然与鲁安东老师及其团队2010年以来一直关注和研究的民国时期的江浙地区蚕种场建筑遗址不无关系，其中长泾大福蚕种场可谓现状最为完好的遗址。之后，关于这些蚕种场研究的阶段性成果和理论反思，以及将蚕种场调研与南京大学2014－2015学年硕士研究生建筑设计教学结合的“设计研究”总结和报道，也陆续见诸国内重要的建筑专业学术杂志。[2]作为长泾研讨会的参与者之一，笔者试图在此次研讨会以及随后出现的研究成果的基础上，结合本人参与南京大学“无尽之墙：过滤与扩散的建筑学”设计课程展览评图获得的对该课程设计的总体认识，对现代建筑史学语境下的长泾蚕种场及其对当代建筑学的意义做一个反思。

01 技术与现代建筑史学

现代建筑是人类历史上史无前例的建筑革命，而技术发展和变革无疑是这场建筑革命的重要前提和内容之一。因此，尽管并非所有现代建筑史学家以及他们的史学论著都关注技术问题——比如在现代建筑史学中占有重要地位的考夫曼(Emil Kaufmann)、佩夫斯纳(Nikolaus Pevsner)、柯林 · 罗(Colin Rowe)甚至塔夫里(Manfredo Tafuri)等，[3]技术发展对现代建筑的影响和意义还是理所当然成为现

2 窦平平、鲁安东：《环境的建构——江浙地区蚕种场建筑调研报告》,《建筑学报》2013年第11期(总第543期)；鲁安东、窦平平《发现蚕种场：走向一个“原生”的范式》、窦平平《对原生现代建筑的四个溯源式观察》、窦平平《当代建筑学语境下的蚕种场的讨论》,《时代建筑》2015年第2期(总第557期)。

3 关于现代建筑史学史研究方面的重要著作，见 Panayotis Tournikiotis, *The Historiography of Modern Architecture*, The MIT Press, 1999; Anthony Vidler, *Histories of the Immediate Present: Inventing Architectural Modernism*, Cambridge, Massachusetts, and London: The MIT Press, 2008.

代建筑史学的重要内容。但是，大凡谈到技术发展，学者们的关注点通常集中在建筑的材料结构方面。在这一点上，西格弗里德·吉迪恩(Sigfried Giedion) 1928年完成的现代建筑论著《法国建筑，钢结构建筑，钢筋混凝土建筑》(*Bauen in Frankreich, Bauen in Eisen, Bauen in Eisenbeton*)可谓较早的经典案例之一。正是通过这部著作，吉迪恩开始了他作为现代建筑推动者的历史角色。不用说，类似的内容也出现在《空间·时间·建筑》(*Space, Time and Architecture*)这部划时代的现代建筑史学著作之中。该书第三部分还专门提出了一个"建筑与技术分裂"(the schism between architecture and technology)的命题，而这个"技术"指的就是与建筑的新材料和新结构相关的技术。

另一个更为典型的案例是肯尼斯·弗兰姆普敦的《现代建筑：一部批判的历史》。在这部同样具有深远现代建筑史学意义的著作中，弗兰姆普敦明确提出作为现代建筑起因的三个"变革"：文化的变革(cultural transformations)、疆域的变革(territorial transformations)、技术的变革(technical transformations)，并将"技术的变革"直接等同于结构工程学。[4] 众所周知，这一观点后来在《建构文化研究》中得到了更为全面和充分的发展。[5]

除了"技术"一词，学者们对"工程"或者"工程师"的理解和关注大多也集中于建筑的材料结构领域，比如乌尔莉西·普法玛特(Ulrich Pfammatter)论述"以科学和工业为取向的建筑学教育的起源和发展"(the origins and development of a scientific and industrially oriented education)的专著《现代建筑师和工程师的诞生》(*The Making of the Modern Architect and Engineer*)。乍看起来，与吉迪恩"建筑与技术的分裂"的命题不同，普法玛特更加关注现代建筑发展过程中建筑师与工程师的融合；其实两位学者的观点毋宁说是殊途同归，是从正反两个方面肯定了现代建筑的技术性，或者更准确地说，现代建筑在材料和结构层面的技术性。有趣的是，与吉迪恩《空间·时间·建筑》的副标题"一种新传统的生长"十分相似，普法玛特也将该书引言的标题称为"现代建筑师与工程师：一种新传统的发展"(the development of a new tradition)。

4 肯尼斯·弗兰姆普敦：《现代建筑：一部批判的历史》第三章"技术的变革：结构工程学 1775－1939"，张钦楠 译，生活·读书·新知三联书店，2004。

5 肯尼斯·弗兰姆普敦：《建构文化研究——论19世纪和20世纪建筑中的建造诗学》，王骏阳译，中国建筑工业出版社，2007。

很难断定普法玛特的观点有多少源自吉迪恩，但是吉迪恩的史学思想曾经对我国的现代建筑历史认知产生直接影响却是一个不争的事实。据笔者所知，长期以来作为我国现代建筑历史教材的《外国近现代建筑史》编写的主要参考书之一正是《空间 · 时间 · 建筑》。因此，这部教材呈现出类似吉迪恩基于建筑材料结构的技术观也就不令人奇怪。同样，吴焕加先生的《20世纪西方建筑史》也专门以“19世纪建筑材料、结构科学和施工技术的进步”作为现代建筑发展的技术前提和价值标准。[6]

现代建筑史学关注建筑的新材料和新结构对现代建筑至关重要的作用，以此说明历史风格消亡和新的建筑表现的必要性甚至必然性。从推动现代建筑发展的角度来看，这样做多少有些宣传鼓噪的目的。但是，即便抛开现代建筑史学在这一过程中的“宣传”角色不谈，基于建筑材料结构的技术观也十分符合自古以来人们对建筑技术的认知，彰显了材料使用和结构形式在建筑技术乃至整个建筑文化发展中无与伦比的重要地位。直至今日，我们仍然可以说，材料和结构的建筑学认知不仅仍然是当代中国现代建筑历史教育和建筑实践亟待加强的内容，进入2000年后“建构”话语的兴起、“结构建筑学”命题的提出、“结构建筑学”巡回展的举办及其相关讨论在学界和业界引起的共鸣和关注也都充分说明了这一点。[7]

在这样的发展过程中，现代建筑史学也呈现了两个基本问题。第一个问题与技术决定论有关。在这方面，柯林 · 罗早在1947年发表的《理想别墅的数学》一文已经通过勒 · 柯布西耶与帕拉第奥的比较，提醒人们技术（通常被理解为材料和结构技术）只是决定建筑表现的因素之一，而非全部。罗指出，尽管两位建筑师都曾就自己的建筑形式给出结构的理由，但是他们的理由其实都是“夸大其辞”——“帕拉第奥宣称，承重墙结构要求绝对对称；而勒 · 柯布西耶则声言，框架建筑需要自由布局：但这些无疑是（至少部分而言）对最新样式的个性化追求，因为采用传统结构的非对称建筑仍然有效，而在框架建筑中采用传统平面也会产生令人满意的结果”[8]。很显然，结构与建筑表现一一对应的技术决定论不能令人信服。幸运的是，无论“建构”的

6 吴焕加：《20世纪西方建筑史》，河南科学技术出版社，1998，第一编第三章。

7 见《建筑师》2015年第2期“结构建筑学”专辑。

8 Colin Rowe, "The Mathematics of the Ideal Villa," in *The Mathematics of the Ideal Villa and Other Essays* (Cambridge, Massachusetts, and London, England: The MIT Press, 1976), p.6.

话语还是“结构建筑学”的观点都与上述技术决定论相去甚远（至少理论上如此）。相比之下，倒是现代建筑史学乃至整个建筑学科在技术认知上的另一个问题更值得思考和讨论，而这个问题与班纳姆对现代建筑史学的批评不无关联。

02 班纳姆对现代建筑史学的批评

在20世纪现代建筑史学领域，英国学者雷纳·班纳姆（Reyner Banham）是一个十分特殊的人物，也是我国建筑学界关注度相对较小的一位现代建筑史学家。班纳姆最初学习工程专业，之后进入伦敦考陶德艺术学院（The Courtauld Institute of Art），师从早期现代建筑史学家重要代表之一的尼古拉斯·佩夫斯纳，并在其指导下完成博士学位论文。就此而言，班纳姆的学术背景可谓师出名门、“根正苗红”。但是，无论是他早期对意大利未来主义的关注，还是1960年代作为粗野主义（brutalism）、独立小组（the Independent Group）以及阿基格拉姆（Archigram）的理论代言人，或者晚年的洛杉矶城市研究，班纳姆的学术生涯一直都在桀骜不驯中呈现出对“主流”学术思想（其中也包括班纳姆自己的导师佩夫斯纳的史学思想）的质疑和批评。

1961年，班纳姆在博士论文基础上完成了学术生涯的第一部重要著作《第一机械时代的理论与设计》（*Theory and Design in the First Machine Age*）。这正是人们对现代建筑的认识发生转折的时期。之前，尽管现代建筑史学从一开始就呈现出为现代建筑追根溯源、建立历史谱系的倾向——比如考夫曼的《从勒杜到勒·柯布西耶：自主性建筑的起源与发展》（*Von Ledoux bis Le Corbusier: Ursprung und Entwicklung der autonomen Architektur*），或者佩夫斯纳的《现代运动的先驱：从威廉·莫里斯到瓦尔特·格罗皮乌斯》（*Pioneers of Modern Movement: From William Morris to Walter Gropius*，该书1949年在美国再版时经过修订，书名中的“现代运动”也改为“现代设计”），但是现代建筑却一度被认为是“非历史性”的，代表着与历史和传统的决裂。这一观点在二战之后得到很大程度的修正。人们越来越多地认识到格罗皮乌斯、密斯、勒·柯布西耶等现代建筑风云人物与历史和传统剪不断理还乱的渊源关系。比如，密斯对辛克尔传统的传承，勒·柯布西耶与他抨击的巴黎美院“学院传统”的暧昧纠

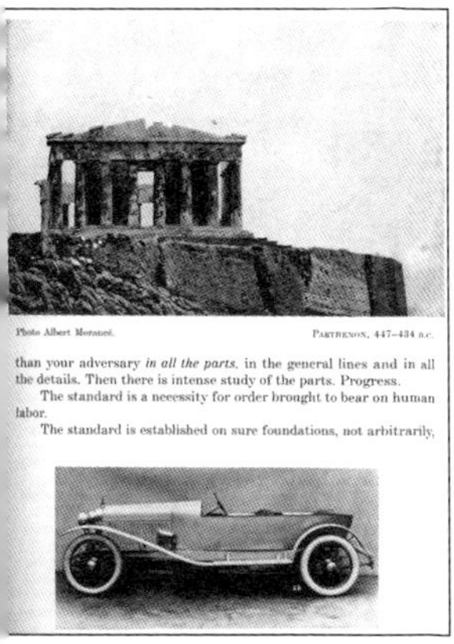
Photo Albert Morancé. PARTHENON, 447–434 B.C.

than your adversary *in all the parts*, in the general lines and in all the details. Then there is intense study of the parts. Progress.

The standard is a necessity for order brought to bear on human labor.

The standard is established on sure foundations, not arbitrarily,

勒·柯布西耶
帕提农神庙与现代汽车的并置

缠等；而柯林·罗1947年发表的《理想别墅的数学》更将勒·柯布西耶的历史渊源追溯到文艺复兴和帕拉第奥。

这样的转变似乎也出现在班纳姆的《第一机械时代的理论与设计》之中。尽管该书伊始就肯定了1900年前后的一系列革命性姿态（如立体主义和未来主义）对现代建筑发展的决定性影响，但班纳姆却是从“学院传统”（the academic tradition）展开这部现代建筑史学著作的。在他看来，“国际风格的理论和美学纠缠于未来主义和学院传统之间，但只有在偏离未来主义并拥抱学院传统……进而借助未来主义之前的理性主义和决定论才能得以实现”。[9]但是，如果我们据此以为班纳姆如同柯林·罗一样是出于对现代建筑这一发展的赞美而提出上述观点的话，那么我们对班纳姆的理解就错了。事实上，无论是对勒·柯布西耶《走向一种建筑》（*Vers une architecture*，通常译为《走向新建筑》）中帕提农神庙与汽车并置的解读，还是在勒·柯布西耶的萨伏伊别墅和富勒（Buckminster Fuller）的代马克松住宅（Dymaxion House，又称“动态最大住宅”）之间，或者在格罗皮乌斯设计的阿德勒敞篷汽车（Adler Cabriolet）和富勒的代马克松地面滑行单元（Dymaxion ground-taxiing unit）之间进行的比较，班纳姆试图说明的恰恰是主流现代建筑从其巅峰时期的1920年代开始就呈现的一种与日俱增的“失误”（something that was being increasingly mislaid in mainstream Modern architecture）。在班纳姆看来，这一发展既源自现代建筑与学院传统的调情，也由于它脱离了哲理层面的未来主义（尽管仍保留了艺术层面的未来

富勒：代马克松住宅（1930）

从格罗皮乌斯的阿德勒敞篷汽车到富勒的代马克松地面滑行单元

9 Reyner Banham, *Theory and Design in the First Machine Age* (London: Butterworth & Co Publishers Ltd., 1960), p.327.

主义）。正因如此，“1920年代以来的理论家和设计者们不仅偏离了自己的历史起点，而且也丧失了在技术世界的立足之地”。[10]

值得注意的是，班纳姆这里所谓的“技术世界”并非传统现代建筑史学中那种由建筑的新材料和新结构构建起来的世界，而是与机械时代关系更为直接的机械性技术世界。在这方面，班纳姆自己的认识也呈现出一个逐步发展的过程。在《第一机械时代的理论与设计》引言中，班纳姆对“机械时代”的定义还是以小型家用电器设备为主；但是他于1969年完成的第二部现代建筑史学论著《环境调控的建筑学》（*The Architecture of the Well-Tempered Environment*）已经将建筑视为环境调控的机器。同样值得注意的是，班纳姆也不是在后来变得十分宽泛的意义上（如文化、社会、心理甚至景观绿化环境）使用“环境调控”中的“环境”一词的，而是用它专指建筑中由温度、光电、空气形成的物理环境。

在班纳姆看来，人类的建筑史就是一部环境调控的历史，而工业革命之后的现代建筑进程则是以不断发展的机械化技术手段实现环境调控的历史。然而，史学家们却常常对此视而不见，或者只有在相关问题影响到建筑形式的时候才会给予几许注意，比如路易·康设计的为机械通风管道赋予了纪念性表现形式的宾夕法尼亚大学理查德医学实验大楼。因此，班纳姆不仅对沉湎于形式和风格的现代建筑史学提出批评，而且也对现代建筑史学过于狭隘的、基于建筑材料结构的技术观提出质疑。《环境调控的建筑学》第一章开宗明义地争辩道，如果现代建筑的特征之一就是深受技术的推动，那么有赖于技术发展的环境调控发展则是一个理所当然的、“无需辩护”（unwarranted apology）的现代建筑史学问题。

诚然，在班纳姆之前，吉迪恩已于1948年完成了《机械化掌控——献给无名史》（*Mechanization Takes Command: A Contribution to Anonymous History*）一书。在许多学者看来，这是一部拓展了现代建筑史学领域的著作。弗兰姆普敦甚至将其称为一个比《空间·时间·建筑》“更具开创意义的研究”（an even more seminal study）。[11]事实上，正如班纳姆所言，在他着手进行相关研究之时，许多学者都曾向他推荐吉迪恩的这部著作，而且言下之意，它前无古人后无来者，

---

10 Ibid.

11 Kenneth Frampton, “Giedion in America: Reflection in a Mirror” in *On the Methodology of Architectural History: Architectural Design Profile*, ed. Demetri Porphyrios (London: St. Martin's Press, 1981), p.48.

似乎已经没有什么值得再去研究的了。但是，如果说吉迪恩关注的还只是机械化在生活用品、家具、厨房设备、卫生设施甚至屠宰和肉类加工等方面的表现的话，那么班纳姆则致力于现代建筑在温度、光电、空气等方面的环境调控研究。在班纳姆看来，它是现代建筑在技术层面满足新的社会功能需求的一个至关重要的领域，至少与结构、材料和空间创造同样重要。

众所周知，勒·柯布西耶曾经将住宅称为“居住的机器”(machine à habiter)。然而在班纳姆看来，尽管勒·柯布西耶从一开始就在自己的文字写作中表现出对环境调控设计的高度热情，他在1920年代声名鹊起的住宅建筑仍然只是“机械美学”的杰作，不仅与约瑟夫·帕克斯顿(Joseph Paxton)早在1850年代完成的王莲百合花房(Victoria Regia Water-Lily House)在环境调控方面卓有成就的设计相去甚远(尽管后者不是住宅建筑)，而且也与富勒同样于1920年代完成的代马克松住宅这类真正具有环境调控技术含量的“居住的机器”完全不可同日而语。即便他在1930年代完成的两个致力于环境调控设计的机构性建筑——巴黎大学瑞士学生宿舍(the Pavilion Suisse)和巴黎救世军大楼(the Cité de Refuge)——也以失败告终，而同时期的美国工程师则在相关领域取得了长足进步。在这方面，同样崇尚机械美学的包豪斯建筑师(比如格罗皮乌斯)甚至远不如勒·柯布西耶，倒是对机械美学不屑一顾的赖特在草原住宅中实现了精妙的环境调控设计。在赖特那里，“能量技术(power technology)、建筑结构与居住环境的设计巧妙结合，其非凡的创造力在20世纪第一个十年简直无与伦比。”[12]

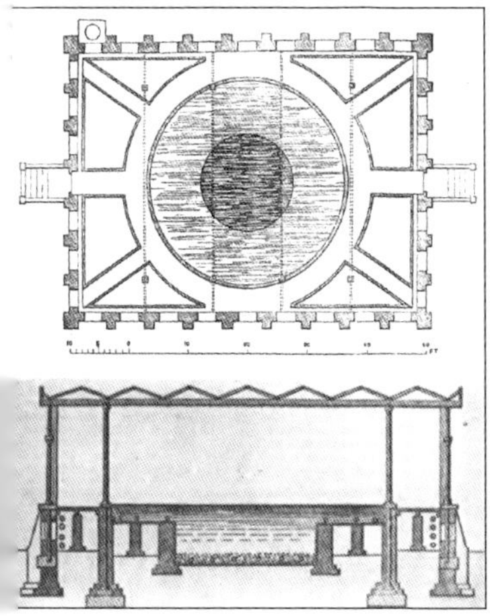

帕克斯顿：王莲百合花房（1850）

勒·柯布西耶：巴黎救世军大楼（1852）

这还没有说到赖特1906年的拉金大厦(the Larkin Building)。

12 Reyner Banham, *The Architecture of Well-tempered Environment* (London: The Architectural Press, The University of Chicago Press, 1969), p.112.

尽管已经不复存在，这个建筑倒是在现代建筑史学著作和教科书中经常出现。不过班纳姆对它的评价更高——“即使赖特此后什么都没有设计，他仍然能以这个建筑在20世纪设计先驱者中占有一个无可争辩的地位”[13]。显然，促使班纳姆作出如此评价的原因并非该建筑不同凡响的室内空间或者富有纪念性的外部形式，而是与整个建筑内部和外部的空间、结构、形式完美融合在一起的环境调控设计理念和技术成就。就此而言，拉金大厦不仅可以被视为康的理查德医学实验大楼的先声（这一点已经是众多现代建筑史学家的共识），而且也是一个桥梁，“在以结构和外在形式发展为关注点的常规现代建筑史研究和关注人类环境创造发展的现代建筑史研究之间建立了联系。”[14]后者正是《环境调控的建筑学》作为一部现代建筑史学著作的核心议题，它不仅涉及像拉金大厦这类现代建筑的经典案例，而且也包括因为“非现代风格”而被排除在“主流”现代建筑史之外的诸多建筑——当然，同样重要的是，还有在材料结构的技术观中被忽视的、自工业革命之后现代建筑在环境调控方面的技术发展和成就。

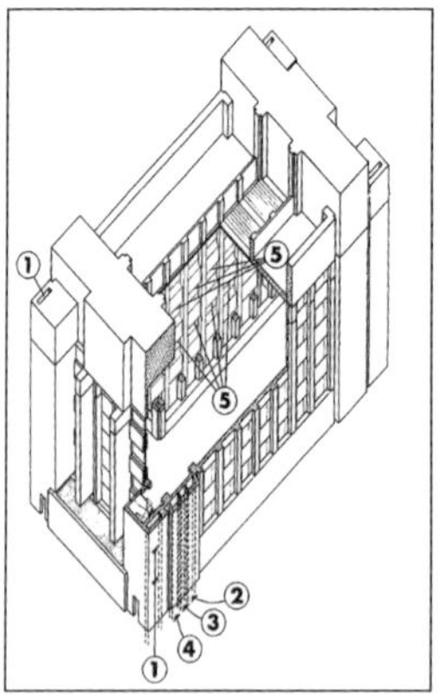

赖特：拉金大厦（1906）

康：理查德医学研究大楼（1965）

03 班纳姆之后的环境调控史研究

作为现代建筑史学家，班纳姆的理论立场是未来主义的。对此，当代建筑理论家和历史学家安东尼·维德勒（Anthony Vidler）在《当代史——创建建筑现代主义》（*Histories of the Immediate Present: Inventing Architectural Modernism*）中有明确的阐述。在维德勒看来，有别于考夫曼的“古典主义的现代主义”（classical modernism）、柯林·罗的“手法主义的现代主义”（mannerist modernism）、塔夫里的“文艺复兴的现代主义”（renaissance modernism），班纳姆代表了一种“未来主义的现代主义”（futurist modernism），其核心是“重塑20世纪前半叶的技术抱负”（revive the technological aspiration of

13 Ibid., p.86.

14 Ibid., p.92.

the first half of the twentieth century)。[15]如同圣埃里亚(Antonio Sant'Elia)和马里内蒂(Filippo Tommaso Marinetti)等现代运动初期的未来主义者一样，班纳姆的新未来主义立场试图摆脱工业革命前的建筑与艺术传统的影响，同时也表现出对技术发展和机械文明的高度热忱和乐观态度。在班纳姆眼中，机械文明充满魅力，象征着人类依靠技术进步走向未来的力量。

回顾人类建筑史，《环境调控的建筑学》区分了三种环境调控的模式。第一种模式是所谓"保温型"(conservative，又译"保守型")。这一模式通常出现在比较干燥的地区，它借助于厚重的建筑围护结构，以及细小的开窗和洞口，实现保温隔热的室内环境调控。在欧洲传统建筑文化中，由于石材的大量使用，这种模式比较常见。第二种模式是"选择型"(selective)。理论上讲，这一模式"不仅致力于保留某种理想的环境状况，而且也借助于外部条件以达到理想状况"。比如，玻璃窗既有助于自然光进入室内，又能够遮风避雨；悬挑的屋顶既有遮阳的作用，又不至于把自然光全部遮蔽；百叶窗既保证空气流通，又可以避免视线干扰。班纳姆指出，"选择型"模式与"保温型"模式之间并不冲突，而是可以相互交叉和补充，但是从气候条件上而言，"选择型"模式较多出现在热带和潮湿地区。第三种模式是"再生型"(regenerative)，它借助于人为的照明、采暖或降温手段来改善室内环境，完成环境的调控。油灯、火炉、壁炉是较为传统的手段，而电灯、中央采暖和空调系统则是机械时代的产物，其中许多发明首先出现在工业革命后的英国，之后则是美国独领风骚。[16]对于建筑设计而言，"再生型"模式催生了两种建筑与机械和管线设备结合的方式："动力隐藏"(concealed power)与"动力暴露"(exposed power)。[17]

在班纳姆看来，无论隐藏还是暴露，正是借助于机械手段，人类走向了对环境的"全面控制"(full control)，甚至可以实现富勒设想的处在巨大穹隆覆盖下的城市——一个太空舱式的人类世界。但是，如果说20世纪60年代的班纳姆仍然有可能通过现代建筑史研究重塑未来主义目标的话，那么过去数十年人类经历的环境和生态危机则使班纳姆技术乐观的未来主义立场变得问题多多。人们意识到，为

---

15 Anthony Vidler, *Histories of the Immediate Present: Inventing Architectural Modernism* (Cambridge, Massachusetts / London: The MIT Press. 2008), Chapter 3, p.107.

16 Reyner Banham, *The Architecture of Well-tempered Environment*, Chapter 2.

17 Ibid., Chapter 10-11.

富勒：穹窿覆盖曼哈顿计划

太空舱时代的环境调控

营造和享受舒适的生活环境，现代建筑物俨然已经演变成一个高度耗能和高度浪费的机器，以集中供暖、空调和密闭方式维持室内恒定环境的做法不仅有损人类调节和感知热环境变化的能力，而且也使自己陷入“病态建筑综合征”（sick building syndrome）。要改变这一状况，人们在发展新技术的同时，也需要新的价值观念，需要生活方式的改变。有理由认为，这不仅是弗兰姆普敦将吉迪恩的《机械化掌控》视为“更具开创意义的研究”的原因——因为正如弗兰姆普敦所言，吉迪恩在这部著作中已经认识到，技术发展必须受到文化和价值反思的制约，[18]而且这也是继班纳姆之后以迪恩·霍克斯（Dean Hawkes）为代表的环境史设计研究的认识论转向和环境议题。

可以说，对班纳姆的现代建筑史学遗产的继承与超越正是霍克斯学术研究的特点。他于1995年完成的《环境传统：环境建筑学研究》（*The Environmental Tradition: Studies in the Architecture of Environment*）是一部深受班纳姆影响的环境史研究著作，但在很大程度上摆脱了班纳姆的未来主义立场。之后，他在《选择型环境》（*The Selective Environment*）中提出的“选择型设计”（selective design）不仅吸收了班纳姆的“选择型”概念，而且秉承了维克多·奥尔戈雅（Victor Olgyay）《设计结合气候》（*Design with Climate*）中的尊重自然和气候条件的环境设计思想，它力求以更为积极的方式“降低对进行环境调控的机械系统的依赖，从而减少对自然环境的负面影响”。[19]另一方面，霍克斯指出，新的环境调控意识也应努力减少对不可再生能源的需求，挖掘可再生自然资源的潜力。[20]显然，这是一种在过去几十年中发展起来的强调人类环境的创造应该更好地适应自然环境的“生态建筑学”（ecological architecture）观念，而不是班纳姆/富勒

18 Kenneth Frampton, "Giedion in America: Reflection in a Mirror" in *On the Methodology of Architectural History: Architectural Design Profile*, p.48.

19 Dean Hawkes, Jane McDonald and Koen Steemers, *The Selective Environment* (London and New York: Spon Press, 1995), Chapter7.

20 Dean Hawkes and Wayne Foster, *Energy Efficient Buildings: Architecture, Engineering, and Environment* (New York and London: W. W. Norton, 2002), p.36.

意义上的独立于自然环境的以自我封闭世界为特征的、直至走向宇宙殖民的所谓“生态建筑”。[21]

当然，对于霍克斯来说，建筑学是一个丰富且复杂的综合学科。他关注的环境议题既需要考虑通风、采光、照明及其机械系统等环境调控元素，也需要空间、形式和材料等更为传统的建筑元素的参与，以及建筑环境的技术性调控与非技术性创造的融合。正如霍克斯在《环境的想象：建筑环境的技术与诗》(*The Environmental Imagination: Technics and Poetics of the Architectural Environment*)中强调的，无论技术问题如何重要，建筑设计最终还是一种诗性的创造，需要通过想象将技术转化为诗意的结果。[22]霍克斯向我们显示，从启蒙运动到20世纪，这种诗意的环境想象在诸多杰出的现代建筑师的作品中既不必然要以“生态建筑”的面貌出现，也可以远离技术表现主义的模式，最终以丰富多样的方式与不同建筑师的建筑语言和实践紧密融合在一起，创造出优秀的建筑作品。

04 现代建筑史学语境中的长泾蚕种场与几个问题的讨论

本文的“现代建筑史学语境”包含两个方面的内容。其一是从吉迪恩到班纳姆再到霍克斯的西方现代建筑历史研究。在这方面，班纳姆以及深受其影响的霍克斯的贡献不仅在于他们突破了以风格或者形式演变为主导的史学倾向，更在于他们对现代建筑史学基于材料结构的技术观的超越。第二个方面与中国现代建筑史学有关。毋庸讳言，与已经形成丰富学科传统的西方现代建筑史学相比，中国现代建筑史学仍处于初步阶段。在这方面，邹德侬先生及其合作者撰写的《中国现代建筑史》可谓一部开山之作。

人们可以从许多不同方面讨论这部著作的得失。在此，笔者只想从本文主题的角度涉及一点，即该书伊始对“建筑中的现代性”作出的界定，其中关于“建筑技术体系”的词条是这样表述的：“由建筑材料、结构和设备等构成的技术体系大变革。手工业社会的自然材料，转变为工业社会的人造材料；原有的砖、石结构转变为钢结构、钢筋混凝土等新结构。同时还出现一些前所未有的建筑设备，如电梯、

21 关于后一种“生态建筑”，见：佩德·安克尔：《从包豪斯到生态建筑》，尚晋 译，清华大学出版社，2012。

22 Dean Hawkes, *The Environmental Imagination: Technics and Poetics of the Architectural Environment* (London: Taylor & Francis, 2007), Chapter 6.

空调和通信设备，等等。”[23]显然，在这个简短的表述中，“设备”已经与“结构”一起成为建筑技术体系的重要内容。然而，无论该书第五章第三部分对“建筑技术革新初潮”的论述，还是书的其他部分，“技术”仍然是在材料结构的层面上进行理解的，而班纳姆意义上的现代建筑通过机械设备对环境进行调控的内容则完全缺失。同样的缺失也存在于澳大利亚学者爱德华·丹尼森（Edward Denison）和广裕仁合著的《中国现代主义：建筑的视角与变革》（*Modernism in China: Architectural Visions and Revolutions*）之中，[24]尽管该书的研究范围和案例原本可以，也完全应该涵盖这方面的内容。相比之下，钱海平等著的《中国建筑的现代化进程》则在“建筑技术与建材工业的现代化进程”中以专门的小节论述“建筑声学、照明及保温隔热技术的发展”和“建筑设备制造及安装业的发展”。[25]不足之处在于，环境调控还未能成为该书的主题，而且仅有的论述也过于笼统，缺少更为具体的研究。

就此而言，长泾蚕种场的建筑学意义首先在于它向我们提供了一个案例，并通过这个案例说明，现代意义上的环境调控不仅在20世纪初期的中国建筑中实实在在地出现过，而且还与其自身的建筑空间、结构和形式相当完美地结合在一起。诚然，长泾蚕种场还只是一个生产型建筑，其环境调控也只是为蚕丝生产而不是人的生活设计建造的。但是，正如我们在班纳姆的著作中可以看到的，即使在工业革命后的英国，环境调控的建筑设计在开始阶段也不是以改善人的生活条件为目的的。相反，最先进的环境调控设计往往首先出现在生产型建筑之中，而这在一定意义上恰恰是建筑现代性的特点。

这就带来另一个值得讨论的问题：中国现代建筑与西方/国际现代建筑的关系。《中国现代建筑史》承认国际现代运动对中国现代建筑的影响，同时指出由于各种因素的作用，这一影响曾经被中断、排斥甚至隔绝。该书还指出中国现代建筑的某些特点，如工业化与非工业化的共存，传统建筑体系与现代建筑体系的共存，或者在创作环境方面，中国现代建筑有其“独特的建筑政治现象”“集体创作和长官抉择”“传统本位与形式本位”等，更不要说每个历史时期所形成的中国现代建筑的“特殊轨迹”了。尽管如此，该书没有将中国现代建筑的“特

23 邹德侬、戴路、张向炜：《中国现代建筑史》，中国建筑工业出版社，2010，第1页。

24 见Edward Denison, Guang Yu Ren：《中国现代主义：建筑的视角与变革》，吴真贞 译，电子工业出版社，2012。

25 见钱海平、杨晓龙、杨秉德：《中国建筑的现代化进程》，中国建筑工业出版社，2012，第174-178页和第189-193页。

殊性”与现代建筑的“普遍性”对立起来。换言之，尽管认识到某些“特殊轨迹”，《中国现代建筑史》仍然认为，“中国现代建筑是国际现代建筑运动的组成部分”。[26]

这样说并不意味着某种单一的“现代运动”的存在（尽管建筑中的“现代运动”确实曾经在欧洲出现过），也不意味着中国存在这项运动。毋宁说现代建筑具有某种不可回避的，甚至是不可或缺的“现代性”特征——就此而言，《中国现代建筑史》试图对“建筑中的现代性”进行界定就是一个十分必要的史学举措。在这方面，最容易发生的情况是人们以建筑的风格或形式来界定现代性特征。相比之下，正如本文之前已经指出的，班纳姆对现代建筑历史研究的贡献之一无疑在于彻底超越了风格主义，进而从环境调控的层面重新认识现代建筑的发展历史和现代性。为此，班纳姆不仅指出以“机械美学”为风格特征的现代建筑在环境调控方面的不足甚至失败，而且也向我们展现了诸如贝尔法斯特的皇家维多利亚医院（Royal Victoria Hospital in Belfast）这类被遗忘的现代建筑的现代性。在班纳姆看来，尽管在外观上毫无现代建筑形式可言，但是贝尔法斯特的皇家维多利亚医院在环境调控设计方面比格罗皮乌斯设计的任何建筑都更为现代，更可以作为佩夫斯纳所谓的“现代运动/现代设计的先驱”，却被佩氏的著作完全忽视。[27]

贝尔法斯特的皇家维多利亚医院

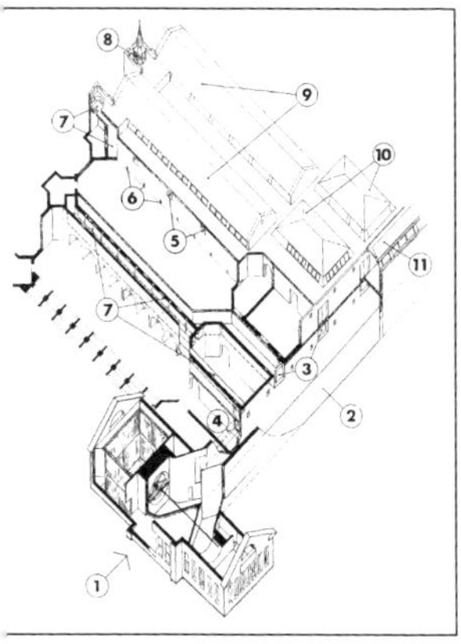

诚如维德勒所言，《环境调控的建筑学》是班纳姆“另类”建筑学的“另类”建筑史（an "autre" history for an "autre" architecture）的集中体现。[28]显然，这种“另类”是相对于“主流”西方现代建筑史而言的。它再一次说明，西方现代建筑或者更广泛地说现代建筑本身其实并非铁板一块，人们对“主流”现代建筑的认识也是相对于不同“主流”标准而言的。按照班纳姆的定义，真正的现代建筑恰恰是超越风格的、符合现代功能和使用要求的建筑，而在环

26 邹德侬、戴路、张向炜：《中国现代建筑史》，第2-3页。

27 Reyner Banham, *The Architecture of Well-tempered Environment*, p.82.

28 Anthony Vidler, *Histories of the Immediate Present*, p.140.

境调控方面更为精致的设计以及相应技术的发展正是现代建筑有别于传统建筑的重要维度之一。然而，面对班纳姆的“未来主义的现代主义”，维德勒没有指出的是它在当代条件下的偏颇和缺失。就此而言，如果有着“精确而又复杂的环境需求”的长泾蚕种场可以被视为“主流现代建筑之外的另类线索”[29]的话，那么这种“另类”既可以被认为从“中国角度”印证了班纳姆“另类”建筑学的“另类”建筑史的必要，以及重新思考中国现代建筑历史研究的必要，也在一定程度上可以成为对班纳姆“未来主义的现代主义”的某种批判。

贝尔法斯特的皇家维多利亚医院建成于1903年，装备了当时最为先进的适用于大型公共建筑的采暖和通风机械系统。这是长泾蚕种场不具备的。另一方面，与贝尔法斯特的皇家维多利亚医院不同，长泾蚕种场至多只是一个“不知名”的设计师的作品，[30]如果还不能算完全的“没有建筑师的建筑”的话。因此，尽管1930年代民国政府为振兴民族养蚕业而在消毒、换气、保温、保湿、作业、光线等方面建立了“合理性”标准，研究者们仍然倾向于将长泾蚕种场的蚕室建筑视为“地方建造体系应对现代性的适应性发展”。[31]

一定程度上，这确实是长泾蚕种场发人深省之处。在建筑层面，它没有刻意追求所谓“现代/摩登”的形式，也与官方建立的中国建筑“固有式”相去甚远，而是在江南地区原生建筑文化的基础上不拘一格地与蚕业生产的现代化要求相结合。在技术层面，它同样不拘一格，通过墙厚的变化、窗洞的排列组合与开启方式的多样性、室内地火龙与排烟道的设置，以及屋顶的金属风帽等，将自己转化为一个环境调控的“机器”。这个机器可能远没有现代主义和技术未来主义意义上的先进性，倒更像是班纳姆在赖特的草原住宅中看到的教益。在这里，环境调控设计不仅是一个与建筑妥善结合的问题，而且环境效应（environmental performance）的改善是在没有新奇技术（technological novelties）的情况下取得的。[32]长泾蚕种场灵活而又巧妙地运用了班纳姆概括的人类环境调控的基本模式，既有保温模式和选择模式，也有再生模式。正如窦平平和鲁安东在调查

29　鲁安东、窦平平：《发现蚕种场：走向一个“原生”的范式》，《时代建筑》2015年第2期（总第557期），第66页。

30　根据窦平平和鲁安东的考证，这个建筑的设计师是宋芝材。见窦平平、鲁安东：《环境的建构——江浙地区蚕种场建筑调研报告》，《建筑学报》2013年第11期（总第543期），第30页。

31　同上。关于19世纪后期到1930年国民政府时期江南蚕业生产现代化进程的四个阶段，见窦平平：《对原生现代建筑的四个溯源式观察》，《时代建筑》2015年第2期（总第142期），第70-74页。

32　Reyner Banham, *The Architecture of Well-tempered Environment*, p.109 and p.111.

报告中敏锐指出的，这是一个“仅稍加能源利用，即将选择型方式处理环境发挥到极致的典型”。[33]

也许，在当时的经济和技术条件下，长泾蚕种场的设计者和运作者是不得已而为之，而且，正如本文已经指出的，它还只是一个生产型建筑，而非为人的生活而创造的环境。但是，后班纳姆时代的环境调控研究已经显示，环境调控不仅是一个为人类提供更为舒适生活的问题，而且也是在建筑物的基本功能中重塑人类与自然之关系的问题。一方面，这导致现代主义根据“最舒服温度”确定的热舒适性（在柯布那里，它被确定为普遍通用的18℃）开始让位于对建筑能耗问题的思考；另一方面又要求在以更多可再生能源取代石油等不可再生能源的同时，通过“选择性设计”减少环境调控的能耗和对自然环境的负面影响。类似的立场也在进入21世纪后方兴未艾的“热力学建筑”（thermodynamic architecture）中体现出来——更多被动式技术，更少主动式技术，通过形式、材料和空气之间的互动，重新划分建筑学“前现代—现代—未来”的时间概念，并最终使现代主义的技术模式黯然失色。[34]在这些方面，长泾蚕种场也许可以给我们更多的教益，前提是我们对它在物理层面的“环境效应”有足够深入的研究。班纳姆的著作显示，对空气运动、温度分布和湿度的技术性分析在1857年的英国已经形成。[35]相比之下，我们对长泾蚕种场的认识仍然停留在直观层面。

遗憾的是，旨在回应苏南蚕种场的“建筑学意义是什么？”的南京大学概念设计课程——“扩散：空间营造的流动逻辑”似乎没有能够有效改变这一现状。该设计课程以“通过在蚕室中植入新的功能改变空气流通的‘效应-形式’”为主题，[36]但是从之后举办的“无尽之墙：过滤与扩散的建筑学”的展览来看，没有学生真正对“效应-形式”的技术问题感兴趣，也没有任何关于“效应-形式”的具体分析研究，取而代之的是脱离了技术层面的形式和空间游戏。一些通

33　窦平平、鲁安东：《环境的建构江浙地区蚕种场建筑调研报告》。

34　李麟学：《知识·话语·范式——能量与热力学建筑的历史图景及当代前沿》，《时代建筑》2015年第2期（总第142期），第10-15页。也见伊纳吉·阿巴罗斯：《室内：“库”与“源”》，周渐佳译，《时代建筑》2015年第2期（总第142期），第17-21页；基尔·莫：《以非现代的方式抗争最大熵》，陈昊译，《时代建筑》2015年第2期（总第142期），第22-25页；威廉·W.布雷厄姆：《热力学叙事》，张博远译，《时代建筑》2015年第2期（总第142期），第26-31页；相关问题的讨论也见张利：《舒适：技术性的与非技术性的》，《世界建筑》2015年第7期（总第296期），第18-21页；阿里亚纳·威尔逊、司马蕾：《什么是合理的热舒适性？——保温参数在法国和德国的变迁》，《世界建筑》2015年第7期，第22-29页。；宋晔皓：《技术与设计：关注环境的设计模式》，《世界建筑》2015年第7期（总第296期），第38-39页。

35　Reyner Banham, *The Architecture of Well-tempered Environment*, p.49.

36　鲁安东、窦平平：《发现蚕种场：走向一个“原生”的范式》，第67-68页。

过长泾等江浙蚕种场研究(称之为“设计研究”也未尝不可)原本应该被思考的环境设计问题——比如霍克斯在《选择型环境》中提出的“环境设计核查单”(environmental design checklist)中的更为实质性的内容[37]——被忽视了，设计兴趣点过快也过于轻松地滑向没有技术(technics)只有“诗”(poetics)的“环境的想象”。

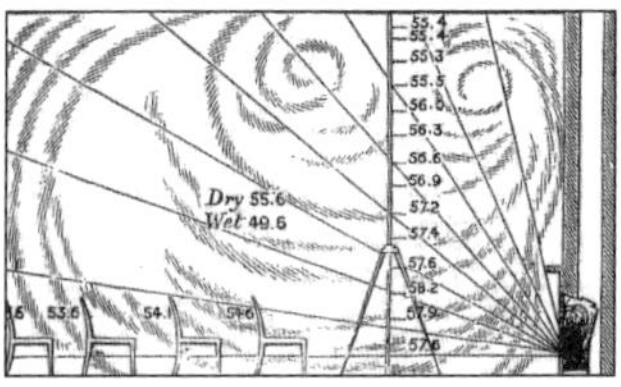

坎贝尔：1857年的演讲室空气运动、温度分布和湿度测量图

本文无意将建筑学问题等同于技术甚至物理问题。然而不可否认，当技术维度仍然在中国现代建筑学中处于边缘化地位的情况下，缺少技术认知支持的“环境的想象”很容易重蹈班纳姆在现代建筑“机械美学”中看到的以形式取代技术的发展倾向的覆辙——反映在当代中国建筑学中，“热力学建筑”其实更像是建筑师们热衷的“热力学形式”。因此，在当代中国建筑学已经逐步将“建构”和“结构建筑学”视为自己的重要议题，并且认识到结构的技术含量(而不是表皮的构造和节点)才是衡量“建构”水平高低的关键要素之时，以长泾为代表的江浙蚕种场的“发现”则向我们提出了另一个亟待与当代中国建筑学有效融合的技术议题——环境调控(或者用长泾研讨会的术语“环境的建构”)，而且这是在人类面临生态环境的恶化和挑战并努力探求可持续发展之路的大背景下发生的。在笔者看来，这就是长泾蚕种场对当代建筑学的启示。

长泾蚕种场（2013年）

37 Dean Hawkes, Jane McDonald, and Koen Steemers, *The Selective Environment* (London and New York: Spon Press, 1995), Chapter 8.“环境设计核查单”由13项内容组成：①场地分析：气候、微气候(地形、城市化、植被)、太阳轨迹、风环境、污染；②场地规划：建筑间距、微气候、混合使用和人的活动；③建筑形式：被动与非被动区域、朝向、内部设计；④天井和院落：热缓冲、日照、通风；⑤建筑的使用：占有模式和行为、环境需求、内部产热和采光标准；⑥建筑肌理：隔热和U值、蓄热材料的蓄能量和毒性；⑦日照：自然采光和日照因素、光分布、眩光分布、视线、眩光、私密性和热平衡；⑧被动式太阳能热：可利用的太阳能热、分布、控制和舒适；⑨自然通风：风压和烟囱效应、夜间制冷、噪音和空气污染；⑩过热和舒适：窗户尺寸、遮阳设备、通风策略、热体块；⑪人工照明：人工或自动控制、灯具与照明、功效和内部得热；⑫供热：能源和机组、散热器、热量分配、地点；⑬设备：空调需求、机械通风系统、混合模式和空调分区、整合。

长泾蚕种场（2013 年）

图片来源

以相关页面为准，

如页面图片超过一张，编号按自上而下、自左而右进行

1.“历史的”与“非历史的”：八十年后再看佛光寺

第14页、第39页图1 作者自摄；

第16页 *A History of Architecture on the Comparative Method, for the Student, Craftsman, and Amateur*, Cornell University Library, Digital Collections；

第19页、第20页 肯尼斯·弗兰姆普敦：《建构文化研究》，王骏阳 译，中国建筑工业出版社；

第26页、第37页图2、第39页图2 丁垚提供；

第31页图1、第31页图3、第35页图1 勒·柯布西耶：《走向新建筑》，陈志华 译，陕西师范大学出版社；

第31页图2 Stanislaus von Moos, *Le Corbusier: Elements of a Synthesis*, The MIT Press；

第35页图2 Geoffrey H. Baker, *Le Corbusier: The Creative Search*, Van Nostrand Reinhold | E & FN SPON；

第36页 恩斯特·伯施曼：《中国的建筑与景观（1860-1909）》，段芸 译，中国建筑工业出版社；

第37页图1 梁思成：《图像中国建筑史》手绘图，读库

3. 华黎的建筑与在抽象中保留“物”

第47页图1、2，第48页图1 威廉 J·R·柯蒂斯：《20世纪世界建筑史》，本书翻译委员会 译，中国建筑工业出版社；

第48页图2、第51页、第52页、第53页图2、第54页、第56页 网络图片；

第50页 张映乐、万琦睿提供；

第53页图1 Christian Norberg-Schulz, “On the Way to Figurative Architecture” in *International Laboratory of Architecture and Urban Design*, Year Book 1984/85；

第55页、第57页图1《篠原一男·建筑》，篠原一男作品集编辑委员会 编，东南大学出版社；

第57页图2、第61页图3 作者自摄；

第59页、第61页图1、2 华黎提供；

第62页 勒·柯布西耶：《今日的装饰艺术》，孙凌波、张悦 译，中国建筑工业出版社

4.“非常建筑”巴黎大学城“中国之家”点评

第65页图1，第66页图1、2、3“非常建筑”提供；

第67页图2、3 Ivan Zaknic, *Le Corbusier Pavilion Suisse*, Birkhäuser

5. Comment on the *Maison de la Chine*, CIUP, France, by Atelier FCJZ

第71页图1、2“非常建筑”提供

6. 油罐、地景与艺术空间：OPEN建筑设计事务所新作上海油罐艺术公园评述

第75页图1，第77页图1、3，第78页图1、4 网络图片；

第75页图2、3，第76页图2，第78页图5 OPEN提供；

弗76页图1，第77页图2，第78页图2、3 作者自摄

7. Fuel Tanks, Earthworks and the Art Space

第87页 网络图片

8.“边园”与柳亦春的建筑思辨

第91页、第98页图1、第102页图2、第104页图1 柳亦春提供；

第92页“非常建筑”提供；

第93页，第94页，第95页，第96页，第98页图2、3，第99页图1、2，第100页图1、2，第102页图3，第104页图2 作者自摄；

第97页图1、2《建筑师》1998/10，总84期；

第101页 刘敦桢：《中国古代建筑史》，中国建筑工业出版社；

第102页图1 弗兰姆普敦：《建构文化研究》，王骏阳 译，中国建筑工业出版社

9. 池社中的数字化与非数字化：再论数字化建筑与传统建筑学的融合

第107页图1~3、第109页图1~3、第110页、第113页图1~2、第114页图1~2 袁烽提供；

第108页 图1 Robert McCarter, *Louis I Kahn*, Phaidon；

第108页图2、3 斯坦福·安德森：《埃拉蒂奥·迪埃斯特：结构艺术的创造力》，同济大学出版社；

第111页 Colin Rowe, *The Mathematics of the Ideal Villa and Other Essays*, The MIT Press

10. 再访柏林：关于一座欧洲城市的参观笔记

第117页、第118页图1、2，第120页图2，第122页，第123页 Alan Balfour, *Berlin: The Politics of Order 1737-1989*, Rizzoli；

第120页图1、第128页、第137页、第141页图2、第147页 网络图片；

第124页图1、第125页、第133页、第134页 OMA, Rem Koolhaas and Bruce Mau, *S, M, L, XL*, The Monacelli Press；

图124页图2 雷姆 · 库哈斯：《癫狂的纽约》，生活 · 读书 · 新知 三联书店；

第129页图1、2 *The Architectural Review*, September 1984；

第130页、第131页图1、2 作者自摄；

第138页 *Info Box: The Catalogue*, Nishen;

第141页图1 O. M. Ungers, S. Vieths, *The Dialectic City*, Skira

11. 密度的实验

第151页、第158页图3 作者自摄

第152页、第154页 Rem Koolhaas, *Delirious New York*, the Monacelli Press；

第153页 OMA, Rem Koolhaas and Bruce Mau, *S, M, L, XL*, The Monacelli Press；

第156页图1 网络图片；

第156页图2、3，第158页图2 MVRDV, *FARMAX*, 010 Publishers；

第157页、第158页图1 *MVRDV: 1991-2003*, *EL Croquis*

12. 日常：建筑学的一个“零度”议题

第163页图1、第169页、第171页图1、第180页、184页图1 网络图片；

第163页图2 彼得 · 艾森曼：《现代主义的角度：多米诺住宅与自我指涉的符号》，《时代建筑》2007年第6期；

第166页图1《篠原一男 · 建筑》，篠原一男作品集编辑委员会 编，东南大学出版社；

第166页图2 *Kazuo Shinohara Casas Houses, 2G* No.58/59；

第168页 图1 Atelier Bow-Wow, *Bow-Wow from Post Bubble City*, Inax Publishing；

第168页图2，第171页图2，第172页图2，第181页图2，第182页图1、2，第184页图3 作者自摄；

第170页、第172页图1、第185页图3 刘家琨提供；

第174页图1 李丹锋提供；

第174页图2 塚本由晴+贝岛桃代，*Made in Tokyo*，鹿岛出版会；

第177页，第178页图1、2，第179页图1、2 王方戟提供；

第181页图3、第186页图1、2、阮昊提供；

第185页图1《反高潮的诗学：坂本一成的建筑》，同济大学出版社；

第185页图2《东京代谢》，田园城市；

第184页图2《新美术》(中国美术学院学报)2015年第8期；

第181页图1 Open Architecture提供

13. The Everyday: A Degree Zero Agenda for Contemporary Chinese Architecture

第205页图1、2 刘家琨提供

14. 从“西建史”走向现代建筑史学

第209页 S. Giedion, Space, *Time and Architecture: The Growth of a New Tradition* (Third Edition), Havard University Press；

第210页、第211页 The Getty Center

15. 现代建筑史学语境下的长泾蚕种场及对当代建筑学的启示

第215页 鲁安东提供；

第219页图1 Le Corbusier, *Toward an Architecture*, The Getty Research Institute；

第219页图2、3，第224页图2 Reuner Banham, *Theory and Design in the first Machine Age*, Butterworth & Co (Publishers) Ltd.；

第221页图1、第222页图1、第227页图1-2、第230页图1 Reyner Banham, *The Architecture of Well-tempered Environment*, The Architectural Press/The University of Chicago Press；

第222页图2 Robert McCarter, *Louis Kahn*, Phaidon；

第221页图2 Le Corbusier, *Œuvre complète*, Volume 1·1910-29, Les Editionsd' Architecture, Artemis, Zurich/Suisse；

第224页图1 网络资料；

第230页图2，第231页图1、2 作者自摄

图书在版编目（CIP）数据

理论 · 历史 · 批评 . 二 / 王骏阳著 .-- 上海 : 同济大学出
版社 , 2021.8
(王骏阳建筑学论文集 ;3)
ISBN 978-7-5608-9685-4

I. ①理… II . ①王… III . ①建筑学 – 文集IV . ① TU-53

中国版本图书馆 CIP 数据核字 (2021) 第 119208 号

王骏阳建筑学论文集
理论 · 历史 · 批评（二）/ 王骏阳著

同济大学出版社出版发行
地址：上海市杨浦区四平路 1239 号
邮政编码：200092
网址：http//www.tongjipress.com.cn

出 版 人　华 春 荣
责任编辑　晁　艳
　　　　　李　争
平面设计　王 骏 阳
　　　　　谭 锦 楠
　　　　　王　旭
封面设计　王 骏 阳
责任校对　徐 春 莲
印　　刷　上海雅昌艺术印刷有限公司

开 本：889mm × 1194mm　1/24
印张：10　　字数：312 000
2021 年 8 月第 1 版 / 2021 年 8 月第 1 次印刷
定价：98.00 元

全国各地新华书店经销
本书若有印装质量问题，请向本社发行部调换